# Plantas de maceta
## Cómo cuidarlas con éxito

**Capítulo 1**
**Emplazamiento y compra**
De dónde proceden las plantas de maceta y qué sitios prefieren son informaciones muy importantes para la compra. En el capítulo primero hallará usted una vista general de las plantas de maceta perennes y de hoja caduca, junto con muchos consejos prácticos que le ayudarán a la selección y compra de sus plantas de maceta.

**Capítulo 2**
**Riego y abonado**
Las plantas necesitan del agua y del abono para vivir. En el capítulo segundo hallará usted toda la información necesaria sobre la forma correcta de regar y la manera de evitar encharcamientos o incluso de emplear el agua fría y dura de la traída. Tambien se explica en él qué nutrientes necesita cada planta y la adecuada dosificación de los mismos.

**Capítulo 3**
**Hibernar y trasplantar**
Para que las plantas puedan sobrevivir al frío, es preciso que pasen el invierno protegidos de las heladas. Este capítulo informa sobre la época apropiada para retirarlas, los cuarteles de invierno adecuados y la forma de regarlas y cuidarlas durante la estación fría, así como sobre el cambio de maceta al comienzo de la nueva temporada.

**Capítulo 4**
**Remediar daños**
¿Qué hacer cuando las plantas de maceta no quieren florecer como es debido, han sido abonadas en exceso, han estado demasiado tiempo con "los pies mojados" o sus hojas están quemadas o tienen agujeros? En el capítulo cuarto de este libro hallará usted trucos y consejos prácticos para poner remedio a esos daños con medios muy sencillos.

EDITORIAL EVEREST, S. A.
Madrid • León • Barcelona • Sevilla • Granada • Valencia
Zaragoza • Las Palmas de Gran Canaria • La Coruña
Palma de Mallorca • Alicante • México • Lisboa

# Índice

## Sueños florales del Sur. Unas palabras preliminares

¡Le gustaría hacer realidad que esos sueños en el balcón y terraza de su casa! Las preciosas plantas de maceta, que reverdecen y florecen en vistosos recipientes, lo hacen posible.
Helga y Dieter Mittmann le enseñan todo lo que hay que saber para cuidar plantas de maceta con éxito, al tiempo que le explican cómo adornar balcones y terrazas. Tablas muy claras le proporcionarán una visión general de los cuidados que hay que tener en verano y en el descanso invernal. Incluyen, además de las plantas de maceta más conocidas, las novedades y rarezas más delicadas.
Las plantas de maceta son «hijas del Sur», y sólo quien las conoce bien conseguirá que superen el invierno. Consejos prácticos de eficacia demostrada le ayudarán en todas las cuestiones relativas a la hibernación, desde el momento de retirar las plantas, hasta los preparativos para la próxima estación, pasando por las medidas de mantenimiento en el invierno. Todo resultará muy fácil, incluso para el principiante, gracias a las numerosas y expresivas ilustraciones.


**4 Emplazamiento y compra**
6 ¿Qué se entiende por planta de maceta?
6 Botánica de las plantas de maceta
6 Nomenclatura
7 Lugar de origen de las plantas de maceta
11 Cuidado de las plantas perennes en verano
14 Cuidado de las plantas de hoja caduca en verano
16 Emplazamientos
16 Plantas de invernadero
17 Tipo de cuidados
18 Tamaño y peso
18 ¿Cuánto cuestan las plantas de maceta?
18 Test para la selección de plantas
18 ¿Dónde se compran las plantas de maceta?
19 La oferta de tamaños de plantas de maceta
19 Test para la compra de plantas
19 La producción moderna y sus consecuencias
21 Tratamiento de los casos problemáticos
21 El transporte de las plantas de maceta
22 Cuidados después de la compra
22 Plantas de maceta para la gente que trabaja
22 Plantas de maceta traídas de las vacaciones
23 Ley de Arrendamientos y normas de seguridad

**24 Riego y abonado**
26 Regar es todo un arte
26 ¿Agua blanda o dura?
26 ¿Qué es el valor pH?
26 El agua que necesitan las plantas de maceta
28 ¿Que métodos de riego puede elegir?

*Riego de corta duración con lana absorbente.*

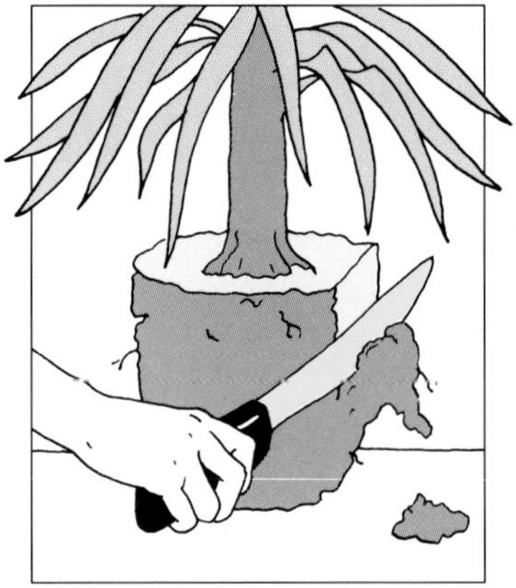

*Rebaje del cepellón.*

*En el cuartel de invierno.*


28 ¿Qué hacer durante las vacaciones?
28 Los encharcamientos, son un peligro para las plantas de maceta
30 Prácticas: riego
32 Nutrientes para plantas y efectos que producen
33 ¿Qué es el abono?
34 Métodos de abonado
34 Preparación de abonos
35 Consejos para abonar plantas de maceta
35 ¿Qué hacer cuando se ha abonado en exceso?
36 Parásitos y enfermedades
38 ¿Por qué enferman las plantas de maceta?
39 Cómo fortalecer las defensas de la planta
42 Clases de poda para el cuidado de las plantas
43 Poda de moldeo o correctora

**44 Hibernar y trasplantar**
47 Prácticas: cuidados invernales
49 ¿Hay plantas de maceta resistentes al invierno?
49 ¿Cuándo hay que retirar las plantas?
49 Poda ligera antes de retirar las plantas
51 Prácticas: hibernación
52 Cuarteles de invierno
52 Hibernación a la intemperie
53 Fases de crecimiento y reposo
54 Prácticas: trasplantar
56 Volver a sacar las plantas
56 Trasplantar plantas de maceta
56 Recipientes

**58 Índice alfabético**

**63 Advertencias importantes**


**Los autores**
Helga y Dieter Mittmann son propietarios de un vivero en Salzbergen (Alemania). Especialistas en plantas de maceta, cultivan un amplio surtido de especies, y sus conocimientos sobre cultivo, cuidado e hibernación de este tipo de plantas son fruto de la experiencia de muchos años de práctica.

**Los fotógrafos**
Jürgen Stork trabaja como fotógrafo desde 1982. Su actividad profesional se centra en el campo de la moda, la publicidad y la Naturaleza. Sus fotos se han publicado en revistas, como Mein schöner Garten (*Mi bello jardín*). Durante años ha fotografiado plantas para las *Guías de la Naturaleza* de la editorial Gräfe und Unzer publicados por Editorial Everest. En esta obra se publican también fotos de otros fotógrafos muy conocidos (→ página 62).

**El dibujante**
György Jankovics estudió Bellas Artes y diseño gráfico en Budapest y Hamburgo. Ha trabajado como dibujante en varias editoriales; entre ellas la Gräfe und Unzer, donde ha creado los motivos de plantas y animales para las *Guías de la Naturaleza* publicadas por Editorial Everest

**Atención:** Siga las indicaciones de las «Advertencias importantes» de la página 63.

# Emplazamiento y compra

El secreto del éxito con las plantas comienza con la elección del sitio adecuado donde colocarlas. Seleccione aquellas plantas de maceta que mejor se adapten a las condiciones del sitio previsto por usted en el balcón o terraza. Ellas se lo premiarán con una espléndida floración.

*De izquierda a derecha;* Bougainvillea glabra, Nerium oleander, Citrus limon e Hibiscus rosa-sinensis.

## ¿Qué se entiende por planta de maceta?

El concepto de «planta de maceta» suscita la idea de sol, playa, mar y sueños exóticos. Lo asociamos con plantas que florecen en el Sur y que, como no suelen resistir las heladas, se cultivan en maceta por otras latitudes. Son plantas vivaces que pasan el verano en el exterior y el invierno en un lugar (cuartel) bien ventilado y protegido de las heladas.

## Botánica de las plantas de maceta

La raigambre o sistema radicular es el anclaje de la planta y quien la provee de agua y nutrientes. Adaptada a la estructura natural, se extiende a lo largo (raíces extendidas), penetra en el suelo (raíces columnares) o almacena agua (tubérculos). La forma de la raigambre es, pues, un punto importante a la hora de elegir los recipientes para las plantas (→ página 56).
El tallo o eje caulinar determina el aspecto de la planta. Puede formar un tronco con copa (árbol), ramificarse (arbusto) o ser herbáceo (mata). Todo él está atravesado por conductos que transportan el agua y los nutrientes de las raíces a las hojas. Por tanto, lo primero es saber de cuánto espacio se dispone en el balcón o terraza, y ver qué plantas de maceta caben, ya sean arbustos, matas, plantas colgantes, trepadoras o árboles.
Las hojas sirven para respirar realizan la fotosíntesis y transforman los nutrientes. Su forma y su anatomía, presentan gran variedad: desde las simples frondas de algunos lugares, hasta las hojas acumuladoras de agua de las rosetas propias de regiones semisecas, pasando por las hojas ásperas y duras de las coriariáceas mediterráneas, las delicadas y jugosas hojas de zonas húmedas más templadas, o las plantas tropicales perennes.
Las flores albergan estambres y carpelos que sirven para la reproducción. Protegidos por las corolas, presentan una cantidad enorme de colores, formas y aromas embriagadores, sobre todo las especies tropicales y subtropicales. Para el coleccionista de plantas de maceta, lo que más cuenta es una bella floración que dure lo más posible.
Tiempo de vida: Las plantas viven mucho más tiempo al natural que en la maceta.

## Nomenclatura

Las plantas tienen nombres latinos regulados por la *International Code of Botanical Nomenclature* (ICBN), con validez en todo el mundo. Se denomina la especie. Un grupo de especies parientes próximas pertenece a un género. Un número de géneros con características comunes forman una familia de plantas.
El nombre completo de una especie se compone del nombre del género (*Punica*, por ejemplo) y el de la especie (*granatum*). Es decir, el nombre completo del ejemplo sería *Punica granatum* («granado», en castellano). De todas formas, los nombres españoles suelen prestarse a equívocos, ya que difieren entre sí según las regiones. Es preferible utilizar el nombre botánico.
El nombre de las familias de plantas (*Punicaceae,* en nuestro ejemplo) se reconoce siempre por la terminación *-eae.* A la hora de seleccionar las plantas, conocer la familia a la que pertenecen aporta datos muy interesantes sobre los cuidados que requieren o su forma de multiplicarse.
Junto a las especies puras encontramos también un gran número de cruzamientos que constituyen los llamados híbridos o especies bastardas.

# Lugar de origen de las plantas de maceta

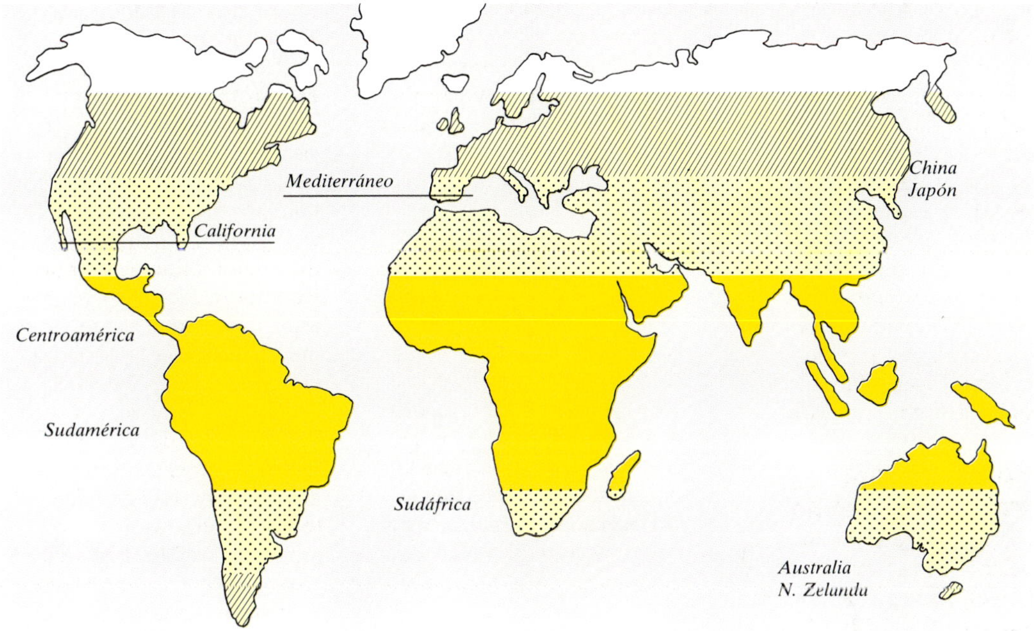


## Lugar de origen de las plantas de maceta

Muchas plantas de maceta, como la adelfa, la buganvilla , las acacias o las especies del género *Bauhinia*, tienen su lugar de origen en España, Portugal e Italia, donde los veranos son muy cálidos y secos, y los inviernos húmedos y frescos pero sin heladas, excepto en zonas altas. En el mapa se indican las zonas climáticas. Los diferentes tonos de las retículas ofrecen las informaciones siguientes:

rayado = templado
punteado = subtropical
amarillo = tropical

<u>Plantas y su origen</u>
California/EE.UU: *Campsis, Fremontodendron.*
Centroamérica: *Asarina, Choisya, Fuchsia, Passiflora.*
Sudamérica: *Abutilon, Bougainvillea, Brugmansia, Cassia, Cestrum, Erythrina, Iochroma, Mandevilla, Passiflora, Solanum, Tibouchina.*
Zona mediterránea: *Arbutus, Capparis, Ceratonia, Cistus, Laurus, Myrtus, Nerium, Olea, Viburnum.*
Sudáfrica: *Agapanthus, Anisodontea, Carissa, Leonotis, Plumbago, Podranea, Strelitzia.*
China, Japón: *Camellia, Citrus, Cycas, Eriobotrya, Lagerstroemia, Nandina, Nerium, Pittosporum, Punica, Trachelospermum.*
Australia/Nueva Zelanda: *Acacia, Callistemon, Corokia, Dodonea, Eucalyptus, Hardenbergia, Leptospermum, Metrosideros, Pandorea, Phormium, Sollya.*

*Izquierda y abajo:*
La Nerium oleander *(adelfa) puede dar flores simples y flores múltiples, pero tanto unas como otras son sensibles a la lluvia.*

# Plantas de maceta perennes

Tibouchina urvilleana *(tibuquina).*

*Calliandra tweedii.*

*En invierno, sus plantas de maceta perennes necesitan un sitio claro, pero no soleado; pues sus hojas asimilan también en esta estación del año. El reposo invernal se reduce sólo a un transcurrir más lento del proceso vital. Las plantas perennes tampoco conservan las mismas hojas durante toda la vida, sino que las sustituyen poco a poco por otras nuevas. Así pues, no se asuste si a sus plantas perennes se les cae alguna que otra hoja.*

Agave americana *(ágave), florece al cabo de 30 o 40 años.*

Trachelospermum jasminoides *(jazmín estrellado).*

Fremontodendron californicum *se cubre por completo de flores amarillas. Soporta incluso el agua caliza.*

Passiflora «Kaiserin Eugenie» *es una pasionaria muy robusta que da flores muy grandes.*

Fortumella margarita *(naranjo enano) es una planta del género «Citrus», cuyos frutos son de color naranja luminoso, tienen el tamaño de una ciruela y pueden ingerirse con piel y todo. También hay variedades con hojas blanquecino y amarillo-verdosas.*

# Emplazamiento y compra

| Nombre | Floración/ Color | Emplazamiento | Riego/ Abono | Poda | Observaciones |
|---|---|---|---|---|---|
| *Acacia (especies)* Acacia | *XI-IV amarillo* | ○ | *regular/ C* | *P2/M* | *Arbusto/árbol; aromático; puede producir alergia* |
| *Acca sellowiana* Feijoa | *V-VIII blanco/rojo* | ○ ◗ | *frecuente* | *P2* | *Arbusto; frutos comestibles hojas y flores muy atractivas; soporta la poda* |
| *Agave americana* Agave | -- | ○ | *regular* | -- | *Suculenta; vive muchos años; necesita espacio por ser espinosa (punzante)* |
| *Anisodontea capensis* Malva del Cabo | *III-VII rosa* | ○ ◗ | *frecuente* | *P1/M* | *Arbusto; floración duradera; soporta «pies mojados» en verano* |
| *Arbutus unedo* Madroño | *XI-III blanco* | ○ ◗ | *regular/ C* | -- | *Arbusto/árbol; bonitas «fresas» rojas* |
| *Asarina erubescens* | *V-X rosa* | ○ ◗ | *frecuente* | *P1* | *Trepadora; floración duradera; produce muchas semillas* |
| *Calliandra tweedii* Calliandra | *IV-X rojo* | ○ | *frecuente* | *P2* | *Arbusto; cultivo en espaldar; defoliación parcial en invierno; proteger de la lluvia* |
| *Callistemon (especies)* Limpiatubos | *V-VII rojo/amarillo* | ○ | *frecuente* | *P2/M* | *Arbusto; algunas variedades florecen 2 veces al año; sitio fresco en invierno* |
| *Ceratonia siliqua* Algarrobo | *XI-IV amarillo/rojo* | ○ | *moderado* | *P2* | *Arbusto/árbol; flores y frutos en plantas viejas; follaje vistoso; fácil de cuidar* |
| *Chamaerops humilis* Palmito | -- | ○ | *frecuente/ regular* | -- | *Árbol; crecimiento lento; muy robusto y fácil de cuidar; espinoso* |
| *Choysia ternata* Choisia | *III-VI blanco* | ○ ◗ | *frecuente* | *P2* | *Arbusto; aromático; también atractivo como planta verde* |
| *Chrysanthemum frutescens* Margarita arbustiva | *IV-XI amarillo, blanco…* | ○ | *frecuente* | *P1* | *Arbusto; quitar flores marchitas; poda a fin del invierno para evitar el deshoje* |
| *Citrus (especies)* Limonero | *I-XII blanco* | ○ | *regular/ C* | *M* | *Arbusto/árbol; aromático; flores y frutos a la vez; espinoso en parte* |
| *Clianthus puniceus* | *III-V rojo, rosa, blanco* | ○ | *regular* | *P2* | *Arbusto; flores sólo si hiberna a baja temperatura* |
| *Corokia (especies)* | *III-V amarillo* | ○ ◗ | *frecuente* | *M* | *Arbusto/árbol; bellas flores, follaje interesante; bayas* |
| *Correa (especies)* | *XI-V rosa/verde…* | ◗ | *frecuente* | *P2* | *Arbusto; floración copiosa a finales del invierno si hiberna en sitio fresco* |
| *Eriobotrya japonica* Níspero del Japón | *XI-II blanco* | ○ ◗ | *regular* | -- | *Arbusto; hojas grandes y tomentosas; flores en jardín de invierno; ojo a la lluvia* |
| *Fremontodendron* Californicum | *III-X amarillo* | ○ | *moderado* | *P1/M* | *Arbusto; floración copiosa amarillo luminoso; puede irritar la piel* |
| *Hardenbergia violacea* Handerbergia | *III-IV morada* | ○ ◗ | *regular* | *P1* | *Trepadora; muy bonita también como planta colgante* |
| *Hibiscua rosa-sinensis* Hibisco, malvavisco | *I-XII rojo, amarillo…* | ○ | *frecuente* | *P1* | *Arbusto; bellas flores; inhibido a menudo; hay que proteger de la lluvia* |
| *Homalocladium platycladum* | *VI-VIII verde* | ○ | *frecuente* | | *Arbusto; ramas planas, en sus bordes se asientan flores y bayas* |
| *Kennedia coccinea* | *IV-IX rojo claro* | ○ | *regular* | *P2* | *Trepadora; causa buen efecto en espaldar o en cesta colgante* |

○ *soleada* ◗ *semioleada* ● *umbrosa* ✝ *Advertencia, planta o partes de la planta venenosas*

# Cuidado de las plantas perennes en verano

| Nombre | Floración Color | Emplazamiento | Riego Abono | Poda | Observaciones |
|---|---|---|---|---|---|
| *Lagunaria patersonii* Lagunaria | *V-X rosa* | ○ | *regular* | -- | *Árbol; fácil de cuidar; nada delicado* |
| *Lapageria rosea* Lapageria | *VIII-II rojo, rosa...* | ● | *regular* | -- | *Trepadora; flores de ensueño campanillas céraceas; rara; no soporta la poda* |
| *Laurus nobilis* Laurel | *III-VI blanco* | ○ ● | *regular* | *M* | *Arbusto; crece muy lento; pinzar a menudo; planta condimentada* |
| *Leptoespermum (especies)* Mirto de Australia | *IV-VII rojo, blanco...* | ○ | *regular/* | *M* | *Arbusto; sensible a los encharcamientos y a la sequedad* |
| *Mandevilla amabilis* Mandevilla | *VI-IX rosa* | ○ | *regular* | *P1* | *Trepadora; es preciso protegerla de la lluvia; el látex irrita la piel* |
| *Metrosideros (especies)* Metrosidera | *IV-VII rojo* | ○ | *regular C* | *M* | *Arbusto/árbol; flores muy bellas; ¡evitar encharcamientos!* |
| *Nandina domestica* ✝ Nandina | *III-VIII blanco* | ○ ● | *regular* | -- | *Arbusto venenoso. Flores y bayas rojas a la vez; resiste las heladas trasplantado* |
| *Nerium oleander* ✝ Adelfa | *V-X rosa, blanco...* | ○ | *frecuente* | *P2* | *Arbusto, venenoso, hay que protegerla de la lluvia; podar evitar el deshoje* |
| *Olea europaea* Olivo | *VII-VIII blanco* | ○ | *regular* | *M* | *Arbusto/árbol; crecimiento interesante; puede dar frutos también* |
| *Pandorea jasminoides* Pandorea | *I-Xil blanco, rosa* | ○ | *regular* | -- | *Trepadora; floración duradera; poner en espaldera* |
| *Parkinsonia aculeata* | *IV-VI amarillo* | ○ | *regular* | *P2* | *Árbol; ramas largas colgantes; espinoso* |
| *Passiflora (especies)* Pasionaria | *IV-X azul, rojo y otros* | ○ | *regular/ frecuente* | *P1* | *Trepadora; algunas especies son caducifolias* |
| *Phoenix canariensis* Palmera de Canarias | -- | ○ | *regular/ frecuente* | -- | *Árbol; muy fácil de cuidar; necesita mucho espacio; hojas puntiagudas* |
| *Pittosporum (especies)* Pitósporo | *III-IV blanco/rojo* | ○ ● | *frecuente* | *P2/M* | *Arbusto/árbol; follaje decorativo; flores aromáticas* |
| *Polygala myrtifolia* | *I-XII amarillo* | ○ | *regular/* | *P2* | *Arbusto; numerosas flores del tamaño de un guisante* |
| *Sollya heterophylla* Níspero del Japón | *V-XII amarillo* | ○ | *regular* | -- | *Trepadora; floración con campanillas azules; cultivar sobre tutores* |
| *Strelitzia reginae* Strelitzia, ave del paraíso | *II-VIII amarillo/azul* | ○ ● | *moderado* | -- | *Mata; flores exóticas; plántulas florecen al cabo de años,evitar encharcamientos* |
| *Tibouchina urvilleana* Tibuquina | *IX-IV lila* | ◗ | *regular/ C* | *P1* | *Arbusto sensible al sol; aterciopelado; flor en invierno. Ojo encharcamientos* |
| *Trachelospermum (especies)* Jazmín estrellado | *IV-IX blanco/amarillo* | ○ ● | *regular/ frecuente* | -- | *Trepadora; flores aromáticas; las hojas se vuelven rojizas si hiberna en sitio fresco* |
| *Trachycarpus fortunei* Palmito de China | -- *amarillo* | ○ | *moderado frecuente* | -- | *Árbol; espinoso; frecuente; soporta heladas no muy fuertes* |
| *Viburnum tinus* Durillo | *IX-V blanco* | ○ ● | *moderado* | *P2* | *Arbusto; umbelas florales grandes, con frutos azules brillantes* |
| *Washingtonia robusta* Washingtonia | -- | ○ ● | *frecuente/ regular* | -- | *Árbol; no soporta el ambiente de la calefacción; espinoso* |

*P1: Poda ligera imprescindible* *P2: Poda ligera posible* *M: Moldeado recomendable* *C: Calcífuga*

# Plantas de maceta de hoja caduca

*Los híbridos de* Abutilon *(arce de flor) dan flores campaniformes de color rojizo, naranja y amarillento.*

Solanum rantonnetii, *puede ser cultivada como arbolito. A la vista de sus flores, se comprende el nombre de «solano azul» con que se conoce a esta planta.*

La Cassia corymbosa *(casia) se adorna con flores doradas de mayo a diciembre.*

*La hibernación de las plantas de maceta de hoja caduca es fácil si se cumplen algunas reglas. Tenga en cuenta que las plantas no se desprenden del follaje de repente en el invierno, sino durante un largo espacio de tiempo, por lo que siempre están rodeadas de hojas secas que es preciso retirar, sobre todo en la maceta, ya que, de lo contrario, es muy posible que padezcan micosis.*

*Las flores de* Brugmansia aurea *(brugmansia) son de color blanco a albaricoque y despiden un aroma embriagador al atardecer.*

*La* Dregea sinensis *es una planta trepadora nueva con umbelas florales blanquecino-rosáceas, muy aromáticas.*

La Bougainvillea glabra *y sus variedades son muy floríferas y robustas. Sus flores son de un violeta-rosáceo luminoso.*

La Plumbago auriculata *(plumbago) da flores de un azul claro, muy copiosas, pero hay que protegerlas de la lluvia.*

La Punica granatum *(Pleno) da flores dobles preciosas, pero no granadas como la especie de flores simples.*

# Emplazamiento y compra

| Nombre | | Floración/ Color | Emplazamiento | Riego/ Abono | Poda | Observaciones |
|---|---|---|---|---|---|---|
| *Abutilon (especies)* | | *I-XII amarillo y otros* | ◗ | *frecuente* | *P1* | *Arbusto; floración duradera; las plántulas presentan colores nuevos* |
| *Acnistus australis* | | *IV-IX blanco, azul* | ○ ◗ | *frecuente* | *P1* | *Arbusto; floración duradera crece rápido; campanillas pequeñas* |
| *Agapanthus (especies)* Agapanto | | *V-X blanco, azul* | ○ ◗ | *frecuente* | -- | *Mata; evitar encharcamientos; tiene que hibernar en sitio fresco* |
| *Albizia julibrissin* Árbol de seda | | *VI-VIII rosa* | ○ | *frecuente* | *M* | *Árbol; las hojas se pliegan por la noche en posición de dormir* |
| *Araujia sericifera* Trepadora | | *VII-X blanco* | ○ | *frecuente* | *P2* | *El látex puede provocar alergias e irritaciones. Captura insectos de noche.* |
| *Asclepsias curassavica* Planta de seda | | *VI-IX naranja* | ○ | *regular* | *P1* | *Subarbusto; frutos fusiformes* |
| *Bauhinia (especies)* | | *V-IX rosa, blanco* | ○ | *regular* | -- | *Arbusto; flores de ensueño semejantes a las orquídeas* |
| *Bougainvillea glabra* Buganvilla | | *V-IX lila y otros* | ○ | *frecuente* | *P1* | *Trepadora; prefiere suelo algo ácido* |
| *Brugmansia (especies)* Brugmansia | ✝ | *V-X blanco, amarillo…* | ○ | *frecuente* | *P1* | *Arbusto/árbol; aroma embriagador; soporta la poda; proteger del viento* |
| *Caesalpinia gilliesii* Poinciana | | *V-VIII amarillo, rojo* | ○ | *regular* | *P1* | *Arbusto; necesita poda ligera para dar flores* |
| *Campsis radicans* Bignonia, trompeta trepadora | | *VI-X amarillo, rojo* | ○ | *frecuente* | *P2* | *Trepadora; flores en forma de trompeta resiste el invierno; proteger del viento* |
| *Cassia corymbosa* Casia | | *V-VIII amarillo* | ○ | *frecuente* | *P1* | *Arbusto; planta sin problemas con floración duradera; soporta la poda* |
| *Ceratostigma (especies)* | | *VI-X amarillo* | ○ | *frecuente* | *P1* | *Mata/arbusto; podar en el otoño; algunas especies producen irritaciones* |
| *Cestrum (especies)* Palquis, cestro | ✝ | *III-XII rosa, rojo…* | ○ ◗ | *frecuente* | *P2* | *Arbusto; planta sin problemas con floración duradera* |
| *Clerodendrum ugandense* Clerodendro | | *IV-X azul* | ○ | *regular* | *P2* | *Arbusto; flores interesantes con estambres largos* |
| *Cyphomandra betacea* Tamarillo | | *III-VIII blanco/verde* | ○ | *frecuente* | *P2* | *Matorral; los frutos maduran del todo en invierno* |
| *Diospyros kaki* Caqui | | *V-VIII amarillo/blanco* | ○ | *regular* | *M* | *Árbol; planta fructífera, cosechar los frutos después de la defoliación* |
| *Dregea sinensis* | | *III-X blanco/rosa* | ○ ◗ | *regular/* | *P1* | *Trepadora; floración duradera; olorosa enredadera intricada; provoca irritación* |
| *Duranta repens* Duranta | | *V-IX azul* | ○ ◗ | *frecuente* | *P2* | *Arbusto; espinoso; bellas baya y flores amarillas en terminales de las ramas* |
| *Erythrina crista-galli* Arbusto del coral | | *VII-X rojo* | ○ | *frecuente* | *P1* | *Arbusto; espinoso; pocos cuidados en invierno; racimos florales rojo luminoso* |
| *Ficus carica* Higuera | | -- | ○ | *frecuente* | *P2* | *Arbol; frutos comestibles; las plántulas (plantas jóvenes) no dan frutos* |
| *Fuchsia (híbridos)* Fucsia | | *V-X muchos colores* | ● | *regular* | *P1/M* | *Arbusto; bueno en sitios orientados al norte; muchas formas y colores de flores* |

○ *soleada* ◗ *semioleada* ● *umbrosa* ✝ *Advertencia, planta o partes de la planta venenosas*

# Cuidado de las plantas de hoja caduca en verano

| Nombre | | Floración/ Color | Emplazamiento | Riego/ Abono | Poda | Observaciones |
|---|---|---|---|---|---|---|
| *Grevillea (especies)*<br>Grevillea | | *III-X*<br>*rojo, blanco…* | ○ | *regular/*<br>*C* | -- | *Arbusto; hojas aciculares* |
| *Indigofera heterantha*<br>Indigófera, añil | | *V-X*<br>*azul* | ○ ◗ | *regular* | *P1* | *Subarbusto; resiste el invierno en sitio protegido* |
| *Iochroma (especies)* | | *III-X*<br>*lila, rojo…* | ○ ◗ | *frecuente* | *P1* | *Arbusto; crece rápido y florece joven; produce irritaciones; proteger en invierno* |
| *Jacaranda mimosifolia*<br>Jacarandá | | *II-V*<br>*azul* | ○ | *regular* | *P2* | *Árbol; no florece apenas en nuestras latitudes* |
| *Juanulloa aurantiaca*<br>Guacamayo | ✝ | *VI-XI*<br>*naranja* | ◗ | *regular* | *P1* | *Arbusto interesante; algo difícil de cuidar; las flores no se abren del todo* |
| *Lagerstroemia indica*<br>Lagerstremia | | *VIII-X*<br>*rosa, blanco…* | ○ | *regular* | *P1* | *Arbusto; árbol; en nuestras latitudes florece en el sur; proteger de la lluvia* |
| *Lantana (híbridos)*<br>*Lantana* | ✝ | *IV-X*<br>*muchos colores* | ○ | *frecuente* | *P1/M* | *Arbusto; puede vivir muchos años; sin problemas; espinoso* |
| *Leonotis leonourus*<br>*Oreja de león* | | *VIII-XII*<br>*naranja* | ○ ◗ | *frecuente* | *P1* | *Subarbusto; florece tarde, pero con colores muy intensos* |
| *Leucaena glauca* | | *V-X*<br>*blanco* | ○ | *regular* | *P2* | *Arbusto; hojas finamente divididas; flores esféricas* |
| *Malvaviscus arboreus* | | *XI-III*<br>*rojo* | ○ ◗ | *regular* | *P1* | *Arbusto; las flores no se abren del todo* |
| *Mandevilla laxa*<br>*Jazmín de Chile* | ✝ | *VI-IX*<br>*blanco* | ○ ◗ | *frecuente* | *P1* | *Trepadora; flores aromáticas; poda casi a ras del suelo; irritaciones de piel por látex* |
| *Melia azedarach*<br>*Paternóster* | ✝ | *IV-VI*<br>*violeta* | ○ | *regular* | *P2* | *Árbol; muchas umbelas florales, bayas; soporta la poda* |
| *Montanoa bipinnatifida* | | *I-III*<br>*blanco* | ○ | *regular/*<br>*frecuente* | *P2* | *Arbusto; florece mejor en jardín de invierno (floración muy tardía)* |
| *Nicotiana glauca*<br>*Tabaco* | ✝ | *VII-IX*<br>*amarillo* | ○ | *frecuente* | *P2* | *Arbusto; crece rápido y sin problemas; se siembra él mismo* |
| *Plumbago auriculata*<br>*Beleso* | | *VII-X*<br>*azul, blanco* | ○ | *frecuente* | *P1/M* | *Arbusto; fruto viscoso, ramas frágiles; proteger del viento y lluvia; con tutor* |
| *Podranea ricasoliana*<br>*Podranea* | | *VIII-XII*<br>*rosa* | ○ | *frecuente* | *P1* | *Trepadora; florece muy tarde* |
| *Poncirus trifoliata*<br>Naranjo amargo | | *IV-V*<br>*blanco* | ○ | *regular* | *P2* | *Arbusto; resiste el invierno protegido; espinoso; propenso al mildiú* |
| *Punica granatum*<br>*Granado* | | *V-IX*<br>*rojo y otros* | ○ | *frecuente* | *P1* | *Arbusto/árbol; sólo la variedad «Nana» florece largo tiempo* |
| *Sesbania tripetiti*<br>Sesbania | | *V-X*<br>*rojo* | ○ | *regular* | *P2* | *Arbusto; panículas de color luminoso, quitar los racimos* |
| *Solanum (especies)*<br>Solano | ✝ | *III-XI*<br>*azul* | ○ | *frecuente* | *P1/M* | *Arbusto; trepadora; floración duradera;* S. rantonnentii *inhibida a menudo* |
| *Tecoma stans*<br>*Higuera* | | *V-X*<br>*amarillo* | ○ | *regular* | *P2* | *Arbusto/árbol; le gusta mucho la luz y el calor* |
| *Tecomaria capensis*<br>*Madreselva del Cabo* | | *VII-X*<br>*rojo* | ○ | *frecuente* | *P1* | *Arbusto; cultivar en espaldera; florece fuera mejor que en jardín de invierno* |

*P1 = Poda ligera imprescindible* *P2: Poda ligera posible* *M = Moldeado recomendable* *C: Calcífuga*

## Antes de la compra

La compra puede resultar cara si se trata de ejemplares grandes o poco frecuentes. Para que su sueño floral no se convierta en una pesadilla, es preciso pensar en el emplazamiento, los cuidados, el tamaño y en el peso, así como en el alojamiento durante la estación fría.

## Exigencias de emplazamiento

Al cabo del tiempo, las plantas se han adaptado a las condiciones de sus lugares de origen. El conocimiento de la Botánica le proporcionará información sobre las condiciones que las plantas necesitan para sentirse a gusto. Las circunstancias lumínicas, climáticas y de emplazamiento de su jardín de macetas son decisivas. Cuanto más imite usted las exigencias de la presencia natural, tanto más espléndidas prosperarán sus plantas de maceta. Piense ya en los requisitos de luz, temperatura y espacio que sus plantas necesitarán en el cuartel de invierno (→ página 52).

## Emplazamientos

<u>Plantas de maceta para sitios soleados</u>: los sitios soleados son emplazamientos en los que las plantas pueden disfrutar del sol casi todo el día. El alto consumo de agua es la nota dominante. ¡No regar nunca a pleno sol del mediodía!. Las plantas jóvenes se protegerán del pleno sol.

• Plantas apropiadas: *Gapanthus, Albizia, Brugmansia, Caesalpinia, Cassia, Ceratostigma, Citrus, Erythrina, Eucalyptus, Ficus carica, Fremontodendron, Homalocladium, Lantana, Nandina, Nerium, Passiflora, Phormium tenax, Plumbago, Punica granatum, Sollya, Strelitzia, Tecomaria capensis.*

<u>Plantas de maceta que también prosperan en semisombra</u>: las plantas de semisombra se encuentran a gusto en la parte Oeste o Este de la casa. Allí les da el sol sólo la mitad del día o a unas horas.

• Plantas apropiadas: *Abutilon, Acca sellowiana, Anisodontea, Arbutus unedo, Asarina, Cestrum, Choisya, Correa, Corokia, Dregea sinensis, Duranta, Eriobotrya, Hardenbergia, Jasminum, Leonotis, Mandevilla laxa, Metrosideros, Tibouchina, Viburnum.*

<u>Plantas de maceta que también prosperan a la sombra</u>: los sitios umbríos no tienen por qué ser emplazamientos oscuros; pueden estar en la parte Norte de la casa o bajo árboles poco frondosos.

• Plantas apropiadas: *Aucuba japonica, Camellia, Crinodendron, Fatsia japonica, Fuchsia, Lapageria rosea, Laurus nobilis, Pittosporum, Trachelospermum.*

En las tablas de las páginas 10, 11, 14, y 15, así como en las descripciones de las plantas encontrará información.

## Plantas de invernadero frío o caliente

La temperatura mínima que la planta necesita todo el año es el factor decisivo que tenemos que cuidar.

• Como reglas generales:

<u>Las plantas de invernadero frío</u> tienen que estar protegidas de las heladas en el invierno y mantenerse a una temperatura de entre 5 y 10 °C. La mayoría de las plantas de maceta clásicas se cuentan entre las plantas de invernadero frío.

<u>Las plantas de invernadero caliente</u> necesitan temperaturas anuales de más de 20 °C y un alto grado de humedad relativa del aire. *Cassia didimobotrya, Cyperus papyrus, Passiflora quadrangularis y coccinea, y Thunbergia grandiflora,* son algunos ejemplos. Estas plantas sólo pueden cultivarse con éxito en un jardín de invierno o invernadero con calefacción.

# Exigencias de emplazamiento

Bougainvillea glabra *suele formar setos floridos en su patria subtropical.*

*Bráctea de buganvilla.*

## Tipo de cuidados

Para iniciarse en el cultivo de plantas de maceta, es aconsejable elegir primero plantas que sean fáciles de cuidar y que no nos den problemas, como, por ejemplo, *Brugmansia, Cestrum, Erythrina, Punica o Plumbago*.

Estas plantas soportan también cortos períodos de sequedad, no sucumben de inmediato ante cualquier error de riego, son poco propensas a la invasión de parásitos y necesitan unos cuidados mínimos para hibernar (→ Plantas de maceta para la gente que trabaja, página 22).

## Tamaño y peso

Las plantas de maceta pueden crecer y convertirse en matorrales y árboles de gran porte. Eso trae problemas por su colocación en el balcón o en el cuartel de invierno. Piense en lo complicado del transporte. Si dispone de poco sitio, deberá elegir plantas que soporten una fuerte poda de conservación o no se hagan demasiado grandes. Las tablas de plantas (páginas 10 y 14) le dará información.

## ¿Cuánto cuestan las plantas de maceta?

Los precios de las plantas de maceta varían, ya que dependen del tamaño, la especie, el origen, la rareza y el método de cultivo.

Es barato, por lo general, el surtido de plantas sencillas como *Abutilon, Bougainvillea, Cestrum, Nerium oleander, Tibouchina* y otras cuya producción de plantas jóvenes se realiza de forma masiva.

Costes intermedios: casi todas las plantas de importación. Los comerciantes suelen comprarlas en grandes cantidades, y el coleccionista puede encontrar entre ellas, a buen precio, alguna rareza.

**Nuestro consejo:** aclimate esas plantas (como todas las que provienen del invernadero) a la intemperie, en un sitio algo umbrío y protegido del viento.

Muy caras plantas de maceta grandes o viejas, así como determinadas rarezas.

## Test para la elección de plantas

Exigencias de emplazamiento. ¿Qué cóndiciones (clima, luz) puede ofrecer usted a la planta?

Forma de crecimiento y altura. ¿Necesita la planta mucho espacio y soporta una poda de conservación?

Cuartel de invierno. ¿Dispone usted de un recinto que reúna las condiciones adecuadas de luz, ventilación y temperatura, o cuenta con un invernadero?

Planta de invernadero frío o caliente. ¿Puede usted ofrecer a la planta las condiciones necesarias también en invierno?

Propensión a la invasión de parásitos. ¿Resiste a los parásitos o los atrae?

Peligros. ¿Hay niños y/o animales domésticos para los que la planta pueda suponer un peligro (espinas, látex irritante, veneno)?

Floración. ¿Da usted valor al aroma y a una floración duradera?

¿Florece la planta en verano o en invierno?. En un sótano no podrá ver usted una floración invernal muy espléndida.

Tenga en cuenta las Advertencias importantes de la página 63

## ¿Dónde se compran las plantas de maceta?

Puede usted adquirir las plantas corrientes en viveros o tiendas de jardinería, así como en grandes superficies. Pero si su pasión es muy grande, tendrá que dirigirse a viveros especializados. Otra posibilidad es intercambiar plantas raras con jardineros aficionados, o comprárselas.

Lo importante es:

- Comprar en un buen establecimiento especializado.
- Contar con asesoramiento profesional.
- Aclarar si la planta precisa de ciertos cuidados nada más comprarla.
- Dar preferencia a las plantas cultivadas en el mismo establecimiento.
- Preguntar si las plantas han sido cultivadas a partir de semillas o de esquejes. Las plantas multiplicadas por esquejes suelen ser de raza más pura, y florecen antes y mejor.

## La oferta de tamaños de plantas de maceta

En la adquisición de plantas de maceta hay diferencias de precios y tamaños: las plantas jóvenes suelen ser de la temporada -o de la anterior- que han sido cultivadas a partir de esquejes o semillas. Son más baratas, aunque más pequeñas. Tienen la ventaja de que pueden seguir siendo cultivadas en el jardín en condiciones adecuadas. Pero tienen el inconveniente de que hay que esperar a que alcancen el tamaño deseado y necesitan muchos cuidados.
Las plantas ya hechas son, por lo general, plantas viejas aptas para florecer. De todas formas, algunas especies florecen de jóvenes o crecen con rapidez. Fíjese en el tronco y las ramas: cuanto más lignificados estén (se aprecia por la corteza marrón claro), tanto más vieja será la planta. Tienen el inconveniente de que suelen adaptarse con dificultad y son más caras.

## La producción moderna y sus consecuencias

La producción de plantas está orientada a llegar al mercado lo más rápido posible y a precios muy competitivos. Dada la competencia que hay en el mercado europeo, eso no puede realizarse si no es con la ayuda de medios técnicos y químicos. La regla de oro es: las plantas tienen que multiplicarse con facilidad, crecer con rapidez y florecer y estar bonitas en el momento de venderlas.

Métodos de producción

- Para que las plantas tengan «aspecto de mercado», se provoca un crecimiento rápido mediante la aportación de abono en dosis muy altas.
- La floración se adelanta con la utilización de abonos especiales y mayor aporte de luz.
- Cuando la planta ha alcanzado el grado de crecimiento y el aspecto deseado, se paraliza radicalmente su desarrollo mediante el empleo de sustancias químicas inhibitorias del crecimiento. Se dice entonces que está «inhibida».
- Con esa inhibición se consigue, al mismo tiempo, que algunas plantas den mayor cantidad de flores.
- Para que las plantas puedan absorber y elaborar la cantidad óptima de agua y abono, se las pone en sustratos especialmente preparados para el caso o incluso en turba pura.
- El cultivo se lleva a cabo en recintos cerrados y en condiciones artificiales, es decir, en invernaderos con sistemas automáticos de riego, ventilación y abonado.

## Test para la compra de plantas

Una planta sana es la condición previa más importante para un buen desarrollo, una buena floración y una hibernación segura.

**1.** Estructura de la planta. Tronco y ramas deben estar bien lignificados, presentar una bella forma de crecimiento y no tener ramas partidas. El aspecto general de la planta debe dar la impresión de estar bien cuidada.

**2.** Sustrato. Constará de un buen mantillo, no demasiado compacto ni demasiado húmedo y sin malas hierbas. Nada de turba pura.

**3.** Raíces. Cepellón bien lleno de raíces claras y blancas, que no salgan fuera del tiesto. Las raíces negras y vidriosas ya están muertas.

**4.** Follaje. Brotes vigorosos, verde intenso, hojas jóvenes más claras. Sin hojas dañadas ni con parásitos (¡mirar también el envés!).
Las manchas foliares ocasionadas por el riego, el abono en las hojas o el rociado son inevitables en la muchos casos, ya que todos esos productos suelen dejar resíduos.

*Al abutilón le gusta la penumbra y los sitios apacibles.*

*Tiestos artesanales de arcilla.*

• Para evitar que ese proceso de producción se vea afectado por las plagas, las plantas son sometidas a tratamientos antiparasitarios masivos.
• Consecuencias: la falta de aclimatación por efecto del clima del invernadero, impide su adaptación a las condiciones normales de riego y abonado, así como al emplazamiento a la intemperie.
• Algunos insecticidas pierden efectividad, porque los parásitos hace tiempo que se han inmunizado contra ellos.
• El sustrato está adaptado a un sistema automático de riego y abonado, que no se suele corresponder con la forma de regar y abonar que usted tiene.

• Tronco y ramas siguen estando verdes en el otoño, es decir, poco lignificados o nada en absoluto, por lo que se secan en invierno.
• Las plantas «inhibidas» presentan problemas de hibernación. Muchas sucumben antes de la primavera próxima.

## Tratamiento de los casos problemáticos

Al cabo de cierto tiempo después de la compra (cuando vamos a retirar las plantas o después de la primera hibernación), es cuando nos percatamos de que nos encontramos ante un «caso problemático». Le damos a continuación una serie de consejos sobre lo que puede hacer:
Plantas «forzadas»: se distinguen por su madera poco madura (tronco y ramas todavía verdes) y brotes débiles, sobre todo en plantas de crecimiento rápido (*Brugmansia, Iochroma*). Otras características son las flores demasiado grandes (*Abutilon*) o troncos muy delgados de arbolitos de copa (*Anisodontea, Lantana y Solanum rantonnetii*).
• Remedio: no ponerlas a pleno sol; podarlas a fondo (→ página 42) e interrumpir el abonado, para que la madera pueda madurar antes de iniciar la hibernación.
Plantas abonadas en exceso: se distinguen por una floración muy copiosa pero muy corta, seguida de una defoliación exagerada.
• Remedio: podar a fondo, dejar de abonar y regar poco hasta que brote de nuevo.
Plantas «inhibidas»: se distinguen por un crecimiento compacto y reducido, hojas más pequeñas de lo normal y demasiada cantidad de flores (*Anisodontea capensis, Solanum rantonnentii*).
• Remedio: sólo queda esperar que la planta se recupere con el tiempo (al cabo de años en muchos casos).

## El transporte de las plantas de maceta

Cualquier transporte constituye un suplicio para las plantas. Sin embargo, no tienen por qué sufrir daño alguno si la distancia es corta y el embalaje el adecuado.
Las plantas pequeñas tienen que ir en cestas o cajas de cartón o madera para preservar su consistencia.
Las plantas grandes se transportarán de pie o tumbadas, según su tamaño. Para evitar el rompimiento de ramas se cubrirán con una bolsa de plástico o, en caso extremo, se atará una cuerda alrededor del ramaje, lo cual no ocasionará daños a las plantas si se colocan de forma que no se tambaleen. En caso de que tengan que ser transportadas tumbadas, se envolverán los cepellones con periódicos o se meterá el tiesto en una bolsa de plástico firmemente atada.
Envío: las plantas enviadas por correo o tren deberán disponer de riego suficiente y se asegurarán con cañas de bambú para evitar su rotura. Sujetar el cepellón con papel y cinta adhesiva, un envase consistente donde colocar tiesto y planta, y un relleno del paquete «a prueba de rotura» cubriendo bien todos los huecos, proporcionarán una mayor protección.

## Después de la compra

Después haberlas comprado tendrá que proporcionar a sus nuevas plantas las mejores condiciones de partida, para que se recuperen del transporte y se acostumbren al ambiente extraño. Si ha seguido nuestros consejos y ha tenido éxito con ellos, quedará abierto el camino para que usted pueda acumular sus propias experiencias. La práctica diaria es el único método para convertirse en jardinero de macetas y disfrutar lo más posible de esos tesoros vegetales cuidados con tanto primor.

## Plantas de maceta para la gente que trabaja

Trabajar a jornada completa no significa tener que desistir de cuidar plantas de maceta. Sólo hay que elegir las plantas adecuadas. Y son muchas las plantas poco exigentes en cuanto a cuidados e hibernación se refiere. Límitese a escoger las plantas de acuerdo con el tiempo de que disponga para regarlas, abonarlas, cuidarlas y, sobre todo, disfrutar con su esplédida floración. Verá que podrá satisfacer su gran pasión por las plantas, a pesar de no tener mucho tiempo libre.

Son plantas apropiadas aquellas que:

- soportan bien un corto periodo de sequedad;
- no sucumben ante la menor falta de riego;
- son poco propensas a las plagas;
- hibernan sin problemas y con muy pocos cuidados;
- dan poca suciedad (por defoliaciones periódicas).

Las plantas siguientes tienen todas esas características: *Agapanthus, Agave, Arbutus unedo, Bougainvillea, Calliandra, Choisya ternata, Corokia, Dodonca, Eriobotrya, Ficus carica, Fremontodendron, Homalocladium, Jasminum, Lagunaria, Laurus nobilis, Nandina, Nerium oleander, Olea europaea, Parkisonia, Pittosporum, Plumbago, Punica granatum, Sollya, Strelitzia, Trachelospermum.*

### Rendimiento, paso a paso, para seguir después de la compra

Paso 1: desembale las plantas con cuidado y compruebe su estado.
Paso 2: las plantas cuyas raíces salgan por los orificios del fondo, tendrán que ser trasplantadas al cabo de 2 o 3 días. Sucede a menudo en las plantas de envío, ya que se ofertan toda la temporada en los mismos tiestos o los ponen pequeños por razones de peso. ¡Regar a fondo previamente!
Paso 3: someter la planta a un baño de inmersión, si el cepellón está reseco. Mantenerla sumergida hasta que dejen de formarse burbujas (→ ilustración página 31).
Paso 4: poner la planta a la intemperie, en un sitio algo umbrío y protegido del viento, para que se aclimate.
Paso 5: abonar las plantas nuevas una vez pasadas más de dos semanas, a fin de evitar el exceso de abono.
Paso 6: acortar un tercio, aproximadamente, los vástagos largos y delgados.
Paso 7: controlar cada poco los cambios que vayan surgiendo durante el desarrollo. Al cabo de una semana más o menos, las plantas ya se habrán recuperado del transporte y podrán ser colocadas en el sitio previsto para ellas.

## Plantas de maceta traídas de las vacaciones

La importación de plantas está sujeta a una serie de normas aduaneras y disposiciones legales para la protección de especies y plantas. Por tanto, antes de emprender viaje, es preciso informarse en la aduana o en los organismos competentes en materia de protección de plantas. Pregunte usted sobre las disposiciones legales relativas a la importación y los eventuales certificados que se requieren. También deberá pedir esa información en el país donde pase las vacaciones. Por tanto, sc imponc prcguntar siempre por el permiso. Una vez cumplidos los requisitos legales, estos consejos le servirán de gran ayuda:

# Después de la compra; disposiciones legales

1. No tome las plantas del entorno natural: pregunte en parques públicos o en viveros privados sobre la posibilidad de hacerse con semillas o esquejes.
2. Recolectar únicamente semillas maduras y secas. Una bolsa de papel, de las utilizadas para filtrar el café, será suficiente para guardarlas y transportarlas. Las semillas secas se pueden transportar muy bien en los envases de películas fotográficas.
3. Poner la fecha de la recolección y el nombre de la planta a semillas y esquejes.
4. Si no puede clasificar las plantas *in situ*, tome fotos de las hojas y las flores para una identificación posterior.
5. A ser posible, hágase con los esquejes poco antes de emprender viaje, envuélvalos en papel humedecido y mételos en una bolsa de plástico.

Sin embargo, no merece la pena hacerse con esquejes o comprar plantas, dadas las dificultades de transporte y los problemas de adaptación que presentan. El método más seguro (aunque también el que más tiempo lleva) es cultivar plantas a partir de semillas frescas. De todos modos, siempre le queda la posibilidad de comprar plantas de maceta en la localidad donde vive.

## Cómo viven las plantas

• Fotosíntesis. La clorofila de las hojas lo hace posible. Durante el día, la planta absorbe el dióxido de carbono ($CO_2$) por acción de la luz solar, y lo elabora con el agua para convertirlo en hidratos de carbono (sacarosa), y libera oxígeno ($O_2$).
• Asimilación. Los hidratos de carbono se transforman - en otros componentes, que son dirigidos a las zonas de crecimiento (brotes o terminales de los vástagos) o se almacenan como reservas.
• Respiración. Las hojas absorben el oxígeno ($O_2$) y desprenden dióxido de carbono ($CO_2$), con lo que los hidratos de carbono formados durante el día vuelven a desintegrarse. Esto ocurre las 24 horas, pero la fotosíntesis supera a la respiración, produciéndose más oxígeno, de noche no hay fotosíntesis y se produce $CO_2$.
• Transpiración. Las plantas pierden masa foliar por el calor del sol. El déficit de humedad origina una absorción de abajo a arriba: las raíces toman el agua. La planta se marchita si la cantidad de agua evaporada es mayor que la que pueden suministrar las raíces.

## Ley de Arrendamientos y normas de seguridad

En principio, todo el mundo puede hacer realidad su sueño de tener un jardín de plantas de maceta en el balcón o en la terraza de una vivienda de alquiler o en un piso de su propiedad, pero siempre que se respeten unas reglas determinadas:
• Verificar la resistencia y la estática del balcón para soportar cargas pesadas. La carga por recipientes, plantas y demás mobiliario no puede sobrepasar los 250 kg por $m^2$ por término medio.
• El agua de riego y de lluvia no pueden rebosar los contenedores de las plantas, para evitar que sufran daños o molestias los vecinos, los peatones o la propia fachada del inmueble.
• Las plantas muy grandes tienen que tener una sujeción a prueba del viento para evitar que en caso de caída puedan alcanzar a alguien en otra vivienda o en la calle.
• No se pueden hacer pequeños cambios estructurales como, por ejemplo, la instalación de enrejados para los zarcillos, o macateros exteriortes sin consultar antes con el arrendador o con otros vecinos del inmueble. En caso de duda, pida asesoramiento a un experto.

Trachelospermum *(izquierda)*, *es una planta perenne aromática, que ha de ser regada y abonada de distinta manera que la florífera* Punica granatum *«Nana» (derecha).*

# Riego y abonado

Los errores de mantenimiento que más suelen cometer los jardineros de plantas de maceta son los relacionados con el riego y el abonado de las plantas. El suministro de agua y nutrientes en el momento oportuno y en la medida adecuada, es lo que permite que las plantas de maceta crezcan vigorosas y florezcan con singular belleza. Por otra parte una poda correcta y la cuidadosa protección de las plantas garantizan una larga vida a sus tesoros vegetales.

## Regar es todo un arte

El riego de las plantas de maceta a la intemperie, es algo más difícil que en el caso de las de interior, ya que éstas tienen siempre las mismas condiciones ambientales. Pero si usted las oberva, verá su modo de comportarse y sabrá cuando se tienen que regar. Cuatro puntos a tener en cuenta:

1. El sol, la lluvia y el viento influyen en la frecuencia y en el momento adecuados.
2. El clima, la presencia y el origen son datos importantes sobre las exigencias de cada especie en cuanto a la cantidad de agua y el momento apropiado para ello.
3. El grado de dureza (ºdH) y el valor pH del agua son datos de importancia para la alimentación de la planta.
4. Las fases de crecimiento y reposo determinan cuándo hay que limitar (o incluso eliminar del todo) la aportación de agua y abono.

## ¿Agua dura o agua blanda?

El contenido de calcio es el responsable del grado de dureza del agua. En general, tiene validez la regla de oro siguiente: cuanto más dura el agua, más calcio contiene. El calcio es un nutriente importante para nuestras plantas (→ pág. 32), pero no para las llamadas «calcífugas». Una concentración de calcio demasiado alta supone la muerte segura de las plantas que no toleran ese nutriente en absoluto o sólo en cantidades muy pequeñas (*Acacia, Acca sellowiana, Arbutus, Callistemon, Tibouchina*). El agua de riego con elevado contenido de calcio puede ser dañina también para otras plantas. La tierra fertilizada y la adición periódica de abono cubren bastante bien sus necesidades de calcio, que se ven rebasadas temporalmente por el riego continuado con agua dura. Es aconsejable, por tanto, conocer el grado de dureza del agua del grifo (muy diferente de unas regiones a otras) a fin de poder regular la aportación de calcio mediante el abono. En el Servicio de Aguas de su Ayuntamiento le darán la información oportuna sobre la calidad del agua. Si usted riega con el agua de su propio pozo, deberá mandarla analizar para conocer el grado de dureza y otros componentes (pregunte en farmacias).

La dureza del agua se mide en grados de dureza (ºdH). El agua de hasta 7 ºdH se considera blanda. Semidura (normal) es la que tiene de 7 a 12 ºdH, que ya resulta demasiado dura para muchas plantas. Dura es la que tiene de 12 a 18 ºdH; y muy dura la que supera esos valores.

## ¿Qué es el valor pH?

El valor pH indica el grado de acidez de una solución o de un sustrato. La escala del valor pH va del 1 al 14. Valores entre 1 y 7 se consideran ácidos. El valor 7 es neutro. Valores entre 7 y 14 son alcalinos (contenido de cal). Sin embargo, algunas plantas de maceta tienen exigencias de cultivo muy especiales, por lo que es preciso medir el valor pH del agua y del abono mediante un «papel indicador de pH» (papel tornasol), y el de la tierra con un test especial para la medición del calcio (Ca) (se venden ambos en farmacias y en comercios especializados).

## El agua que necesitan las plantas de maceta

Determinados factores influyen en la mayor o menor cantidad de agua que las plantas de maceta necesitan.

Hay que regar a menudo:

- en la temporada de mayor crecimiento, es decir, entre mayo y principios de septiembre, cuando las plantas tienen más hojas y flores;

**Ablandamiento del agua**

**Ablandante**
El empleo de ablandantes químicos del agua, hace que la cal se deposite en el fondo del recipiente al cabo de unas 6 horas.

**Vinagre**
Unos chorritos de vinagre vertidos sobre 10 litros de agua, pueden ser una solución de emergencia. ¡Dosificar con moderación!

**Turba**
Colgar una bolsa turba en el agua de riego. La cantidad y el tiempo de inmersión dependerá de la dureza y el volumen del agua.

Más información en los Consejos prácticos de las páginas 30 y 31.

• en emplazamientos a pleno sol y expuestos al viento, porque allí se acelera la evaporación;
• cuando hace mucho calor y llueve poco;
• en el jardín de invierno, porque en los espacios cerrados se reduce la humedad atmosférica y se eleva la temperatura;
• plantas con tiestos de arcilla o terracota, porque ese material absorbe el agua y la evapora;
• plantas con tiestos pequeños, porque el volumen de tierra almacena poca agua;
• plantas con mal sustrato (demasiada turba o componentes cenagosos), porque se seca demasiado pronto (cambiar el sustrato en el próximo trasplante → página 56):
• las plantas llamadas «devoradoras de agua y abono» (*Anisodontea, Brugmansia, Cestrum, Iochroma, Lantana, Solanum rantonnetii* y otras).

<u>Hay que regar poco:</u>
• en la fase de reposo de las plantas (en invierno casi siempre);
• al comienzo de la época vegetativa, desde marzo a abril más o menos;
• las plantas colocadas en sitios umbríos y protegidos del viento;
• las plantas colocadas en tiestos de plástico;
• cuando el tiempo está fresco y lluvioso;
• las plantas cuyas macetas están enterradas.

**Nuestro consejo:** ponga las plantas en tiestos de plástico y métalas en maceteros de arcilla o de terracota, o en el suelo del jardín. Se ahorrará mucho trabajo al regar.

<u>Protección natural:</u> algunas plantas de maceta han desarrollado un mecanismo propio para protegerse de la evaporación elevada o de las frías temperaturas nocturnas. Cuando hace mucho sol, algunas especies giran el follaje sin más. Otras pliegan las hojas. De ese modo, reducen la superficie foliar y aminoran la evaporación; así, la *Acacia, Calliandra y Cassia.*

## ¿Qué métodos de riego puede elegir?

El riego a mano sigue siendo el mejor. Ninguna técnica puede ajustarse a las necesidades de cada planta como lo hace el jardinero con su sensibilidad. En grandes instalaciones de jardinería, donde las condiciones ambientales son las mismas, se regula por ordenador. Si usted quiere hacer bien a sus plantas, siga regándolas a mano.

Riego automático:

Las plantas tienen que ser regadas bien y con regularidad, ya que la tierra se seca más rápido en el recipiente que en el jardín. El riego de corta o larga duración puede servir de ayuda durante el fin de semana o, incluso, en las vacaciones. Se ofertan diversos sistemas que funcionan de modo automático o semiautomático; pero sólo tiene sentido utilizarlos para plantas de maceta trasplantadas en un bancal. Sólo así compensan los costes y la envergadura de la instalación fija. Las macetas individuales deben regarse a mano.

## ¿Qué hacer durante las vacaciones?

Hay diferentes posibilidades para garantizar el riego:

- Macetas y cajas con depósito de agua. El agua es absorbida del tanque de debajo del doble fondo del recipiente para plantas (→ Recipientes, página 57).
- Riego con esteras de vellón o de fieltro. La estera absorbe el agua de un depósito. Al secarse la tierra, se origina una succión que conduce el agua desde la estera hasta los tiestos.
- Mechas que absorben el agua de un depósito. La mecha no debe quedar colgando.
- Conos de cerámica que suministran agua a la planta gota a gota. Este sistema se presta también para el riego de larga duración.

La mayoría de los sistemas sirven sólo para unos pocos días. Infórmese antes de efectuar la compra y pruebe primero en una de las plantas antes de instalarlo en todas las macetas.

«Ayudante» para riego: pedir ayuda a un amigo o a un vecino de confianza sigue siendo el método ideal. He aquí algunas sugerencias para reducir los fallos al mínimo:

- Ponga juntas las plantas que necesitan mucho y poco agua, respectivamente, y haga una lista de ellas.
- Repase la lista con su «ayudante», al tiempo que le muestra las plantas.
- Ponga una etiqueta en el tiesto de las «plantas difíciles». Prescinda el abono durante ese tiempo.

## Los encharcamientos son un peligro para las plantas de maceta

El encharcamiento se produce cuando se acumula el agua en la parte superior del tiesto, o en el plato del fondo. Puede ser debido a un drenaje deficiente, a la falta de orificio de desagüe o a la compactación del suelo. El agua arrastra las partículas de aire contenidas en los intersticios del suelo. La planta necesita ese aire con toda urgencia, para poder desarrollar su metabolismo. Además, los «pies mojados» permanentes provocan el pudrimiento de las raíces vitales y, al llegar a ese extremo, la planta ya no puede seguir viviendo y sucumbe. Dicho de otra manera: una planta con una maceta rebosante de agua es casi imposible de salvar.

Cómo evitar los encharcamientos:

1. Al plantar o trasplantar, poner en el fondo del tiesto cascotes de arcilla, gránulos de arcilla expandida o una pequeña capa de grava, para conseguir un buen drenaje (→ Prácticas de trasplante, página 56). Así, también se consigue una mayor estabilidad del recipiente.

# *Métodos de riego, peligros*

Punica granatum *«Nana», en diversas fases de crecimiento: al año, a los dos y a los cuatro años.*

2. Regar con sumo cuidado y retirar a tiempo el agua sobrante del plato, o la que rebosa por arriba del tiesto.
3. Poner las plantas a cubierto, mientras llueva con insistencia.
4. Emplear el sustrato adecuado. Las tierras muy turbosas suelen retener el agua demasiado tiempo. Evitar que la tierra se apelmace y, si es preciso, mezclarla con algo de arena ácida para mejorar la permeabilidad (→ Trasplantar, página 56).
5. No colocar las macetas de fondo liso directamente sobre azulejos o planchas: intercalar tacos para que el agua sobrante pueda correr mejor.
6. Utilizar sólo recipientes que tengan orificio de desagüe. Perforarles si es preciso.

**Nuestro consejo:** cuando la planta está recién encharcada, puede servir de ayuda extraerla del tiesto de inmediato y dejarla a la intemperie, para que el cepellón se seque lo más pronto posible. Plantarla después en un tiesto con tierra fresca.

# Prácticas: riego

## ¿Cuándo hay que regar?

• Cuando no se note humedad al meter un dedo en la tierra.

• Cuando el tiesto de arcilla suene a hueco al golpearle. Si hay humedad, el sonido será sordo.

• Cuando la planta y el tiesto pesen poco.

• Cuando la tierra tenga color claro.

• Cuando la tierra del borde esté suelta y la planta mustia. En este caso, el baño de inmersión suele ser la única ayuda posible.

**Nuestro consejo:** en caso de duda, lo más indicado es extraer el cepellón. Es frecuente que la capa superior se reseque por el sol y el viento y que siga habiendo humedad en el interior del tiesto.

## Métodos de riego

Regar por arriba es el más adecuado para las plantas de maceta. Verter el agua sobre el tiesto (no sobre el tronco y las hojas), para que la humedad y los nutrientes penetren por igual.

Regar por abajo no suele tener aplicación con las plantas de maceta, ya que tienen que absorber el agua del plato o macetero y transportarla de abajo a arriba, lo cual es muy complicado dado el tamaño de la planta y el volumen de la tierra. Existe el peligro de encharcamiento.

La inmersión es ideal para plantas con mucho follaje o cuyos tiestos tienen poco sustrato y muchas raíces (*Agapanthus*). Sirve para salvar plantas con cepellones resecos (→ página 22). Sumergir el tiesto en agua hasta el cuello de las raíces y mantenerle hasta que no suban burbujas. Dejar que escurra el agua sobrante.

La ducha en verano eleva el grado de humedad del aire y limpia las hojas. Exponer las plantas a la templada lluvia del verano, o rociarlas con agua. ¡Cuidado con encharcarlas!

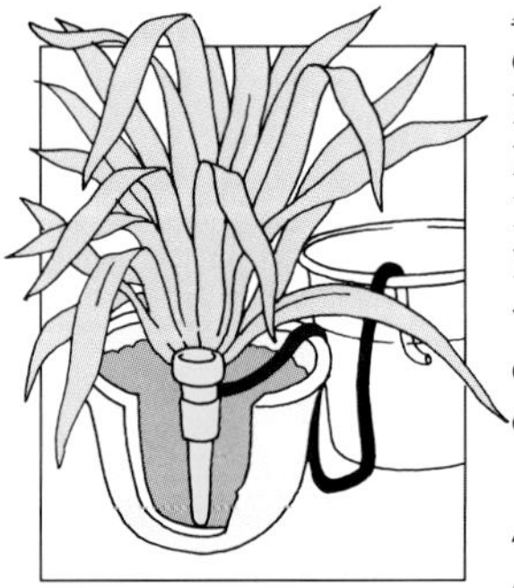

*Para las vacaciones: Riego automático con conos de arcilla.*

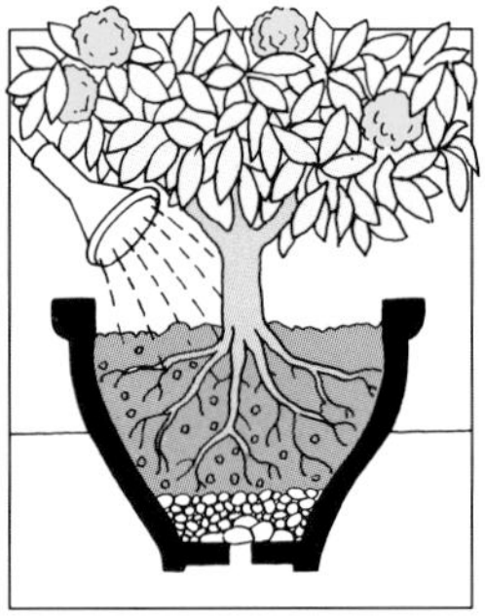

*Regar sobre el tiesto. El agua se filtrará después poco a poco.*

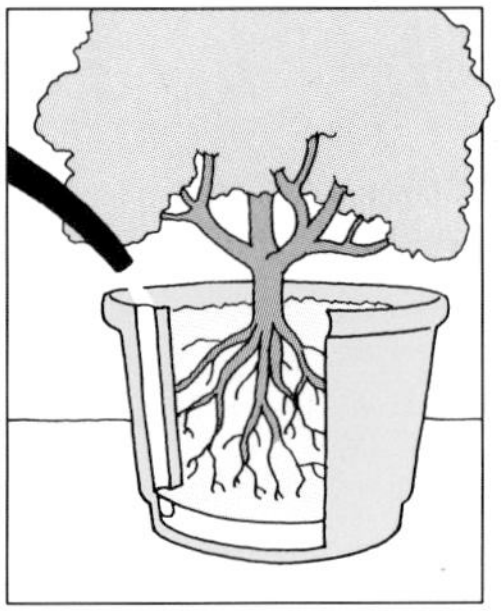

*Macetas con cámara de riego, se usan para la irrigación lenta.*

## Agua dura convertida en blanda

El agua de lluvia sigue siendo el agua de riego mejor y más barata, aunque ya no tenga la calidad de antes. Metales pesados, suciedad y lluvia ácida pueden estropear las plantas. Por eso es recomendable un test con el indicador de pH. El agua de lluvia ácida se mezcla con el agua del grifo para ablandarla.

**Nuestro consejo:** Dejar que la lluvia limpie la suciedad del tejado antes de recogerla del colector.

El agua de la traída tiene que ser tratada para poder ser utilizada como agua de riego. Los métodos siguientes, son aplica-

bles también para grandes recipientes de agua:
1. Dejar reposar el agua 24 horas al menos, antes del riego. Eso bastará para las plantas poco sensibles a la cal.
2. La utilización de filtros especiales para el agua de la traída, no es muy barata, pero sí duradera.
3. Las regaderas ablandantes, provistas de filtros de cartucho, se venden en comercios del ramo en tamaños diversos. Este método tampoco resulta barato.
4. Los ablandantes de agua químicos (en tabletas o líquidos) consiguen que la cal se deposite en el fondo al cabo de unas 6 horas (se venden en tiendas especializadas).
La dosificación de un ablandante líquido determinado es muy fácil, ya que a la solución se agrega un indicador de color que cambia de azul a amarillo cuando la dosis es la adecuada. 7 ml de ablandante reducen unos 10 °dH por litro de agua.

## 10 reglas para regar

1. Tener en cuenta las necesidades de agua de cada especie de planta.
Las plantas de mucho follaje tienen una superficie de evaporación más grande, por lo que también necesitan más agua.
2. Utilizar agua templada. El agua fría colapsa las plantas e impide la toma de nutrientes.
3. Tener en cuenta el calor, el viento y la lluvia. La reserva de agua dura más tiempo en un sitio en penumbra.
4. No colocar la regadera o el rociador a demasiada altura, para que la tierra no se lave ni se apelmace al caer el agua con fuerza.
5. Una regadera con cuello largo y rociador fino, permitirá llegar con facilidad a la parte posterior de las plantas.
6. Llenar de agua el borde de riego (→ página 54). Dejar que el agua se filtre y repetir hasta que el cepellón se sature.
7. No regar siempre sobre el mismo lado del tiesto. La tierra se humedece mejor si se distribuye el agua de forma homogenéa.
8. No regar nunca a pleno sol. Las gotas de agua actúan como una lupa con los rayos de sol produciendo quemaduras. Lo mejor es regar por la mañana o al atardecer.
9. Evitar salpicar hojas y flores. Pueden ocasionar manchas foliares muy feas (cal), según la dureza del agua.
10. Respetar siempre las fases de reposo de las plantas. Regar sólo lo imprescindible para que el cepellón no se reseque (→ Prácticas de hibernación, página 50).

*Las plantas (en macetas de arcilla) se pueden regar, a corto plazo, mediante una superficie absorbente conectada a la traída del agua.*

*Cuando la planta se ha secado del todo, un baño de inmersión puede servir de gran ayuda.*

*La buganvilla (derecha) da colorido a la terraza junto al estanque del jardín.*

## Nutrientes de plantas y efectos que producen

Las plantas necesitan de los nutrientes para crecer sanas. La mayoría los absorben con el agua de riego, ya sea a través dc las raicillas o, cn pequeñas cantidades, a través de las hojas (→ Cómo viven las plantas, página 23). ¿Pero qué efectos producen esos nutrientes en las plantas? Según la cantidad utilizada, podemos distinguir dos grupos:

Los nutrientes principales, necesarios para las plantas:

- nitrógeno (N), estimula el crecimiento de vástagos, hojas y raíces;
- fósforo (P), estimula la formación de flores y frutos, y sirve para dar consistencia a los tejidos y para la lignificación de las plantas;
- potasio (K), regula el contenido de agua y da consistencia a los tejidos;
- calcio (C), presente en el suelo en forma de cal fortalece los tejidos vegetales (→ Grado de dureza, página 26);
- magnesio (Mg), importante componente de la clorofila y factor importante para el

desarrollo de la planta.
Los oligoelementos, entre los que se cuentan el boro, el hierro, el manganeso, el cobre, el cinc y otros, son imprescindibles (en pequeñas cantidades) para las plantas.

## ¿Qué es el abono?

El sustrato suministra nutrientes a las plantas durante poco tiempo, por muy grandes que sean los recipientes. Por eso hay que abonarlas. Lo importante es que todos los nutrientes contenidos en el abono, guarden una relación equilibrada entre sí. Antes no se conocía más abono que el universal. Con él se abonaban todas las plantas en dosis más o menos concentradas. Los buenos abonos completos actuales contienen todos los nutrientes, pero en cantidades adaptadas especialmente a las necesidades de cada planta. La oferta de abonos es muy variada; casi, infinita. Se puede elegir entre abonos orgánicos o sintéticos, sólidos o líquidos, de acción inmediata o de larga duración:

• Abono orgánico. Se origina a partir de desechos animales o vegetales, como estiércol, virutas de cuerno o harina de huesos, y, una vez descompuesto por los microorganismos, las raíces de las plantas lo asimilan. Cuanto menor sea la cantidad de tierra y de microorganismos, mayor será el proceso de descomposición. De ahí que no sea apropiado para toda clase de plantas de maceta; pues su fase de crecimiento, que va desde abril/mayo a mediados de octubre, resulta demasiado corta.

**Nuestro consejo:** las plantas frutales como *Citrus, Eriobotrya, Ficus* y otras, asimilan bien el abono orgánico.

• Abono inorgánico. Es de fabricación sintética («abono artificial») y está siempre a disposición de la planta.

• Abono líquido. Se puede aplicar en cualquier momento y resulta fácil de usar. Se vierte en el agua de riego en las dosis indicadas en las instrucciones.

• Sales de abono. Se disuelven primero en el agua de riego. Son recomendables para las plantas de maceta por la distinta composición de nutrientes que presentan. Se adquieren a través del comercio especializado, pero sólo en paquetes de 25 kg por lo general (los nombres suelen terminar en *-phos* o *-sal*).

• Abono completo granulado. Puede ser disuelto en agua, esparcido por el sustrato o mezclado con él.

• Bastoncillos de abono. Se introducen en la tierra del tiesto y liberan nutrientes por la humedad. Son apropiados para todas las plantas con tiestos pequeños, pero no para grandes plantas de maceta.

• Granulados de abono. Bolitas de abono envueltas en resina artificial. Se utilizan para el abonado de larga duración o de reserva y se mantienen activos de 3 a 6 meses, según las clases.

• Cono de abono. Bolitas de abono prensadas en forma de cono. Actúan y se usan del mismo modo que el granulado de abono.

**Nuestro consejo:** prescinda de abonos baratos. Suelen contener más agua que nutrientes.

## Lo que dice el envoltorio

En cada envase de abono se indica la proporción porcentual de los tres componentes principales: nitrógeno, fósforo y potasio, en la llamada fórmula N-P-K, y siempre en el mismo orden. Así, 10:28:10 significa 10% de nitrógeno, 28% de fósforo y 10% de potasio. Un abono de esas características es muy fosforado y se utiliza para una mayor producción de flores. Si usted conoce el efecto de cada nutriente, podrá abonar también con acierto.

## Métodos de abonado

Hay diferentes modos de suministrar nutrientes vitales a las plantas de maceta.

• Llenar de abono el borde del tiesto. No es recomendable para plantas de maceta. Puede servir de ayuda para plantas «devoradoras de abono» trasplantadas en verano, como, por ejemplo, *Brugmansia* o *Cestrum*.

• Abono de larga duración (o de reserva). Da el flujo homogéneo de nutrientes por un largo espacio de tiempo. Va bien para las plantas de maceta, siempre que no se utilice más de 4 o 5 meses. Completarlo con abonos de cobertera. El abono completo granulado (nombres terminados en *-cote* o *-san*) se incrustra en el cepellón o se mezcla con la tierra al plantar (→ página 54). El cono de abono se hinca en el borde del cepellón. Para evitar el exceso de abono, conviene no utilizarlo en plantas que hayan de ser trasplantadas varias veces al año, ya que la tierra ya viene con abono.

• Abono de cobertera. Es el método más simple y el más utilizado. Se mezcla el abono con el agua y se vierte sobre la tierra del tiesto.

• Abono foliar. Rociar las hojas con solución de abono. Eso contribuirá al fortalecimiento de planta y hojas en las primeras semanas después de la brotadura, ya que los nutrientes llegan a la planta con rapidez a través de las hojas. Utilizable en todas las plantas, incluso las jóvenes.

Tenga esto en cuenta:
abril o mayo es la mejor época para aplicar este método. Utilice un rociador con ducha fina. La solución de abono tendrá, como mucho, la mitad de concentración que el abono de cobertera. Siga las instrucciones del fabricante, de lo contrario, podrían derivarse graves daños para las hojas. Rociar por la mañana o al atardecer. No rociar a pleno sol, ni con mucho viento, si llueve o está a punto de llover. No lavar las hojas de inmediato para quitar los residuos de abono. Déle tiempo a la planta para que asimile los nutrientes con tranquilidad. Rociar las hojas con agua en el riego próximo.

## Cuándo hay que abonar y con qué

Las épocas del año más importantes para abonar son:

• A mediados de marzo: hay que estimular el crecimiento. Empiece con un abono nitrogenado y media dosis de concentración.

• A principios de mayo: la planta ya tiene entonces bastante follaje para poder absorber nutrientes y elaborarlos. Abonar con un grado de concentración normal. También se puede trabajar ya con abono de larga duración (→ Trasplantar, página 54) y proceder a abonar las hojas por primera vez.

• Abonar en el verano con abono fosforado, para mejorar la formación de flores.

• Abonar una vez por semana durante la temporada, con solución del 1 o 2 % (un 2, para las plantas que consumen más nutrientes), o cada 14 días con solución del 2 o 3%, según la especie y las nesidades de la planta.

## Preparación de soluciones de abono

Cuando son muchas las plantas de maceta a las que hay que suministrar abono de cobertera, es recomendable almacenar grandes cantidades de soluciones de abono ya preparadas y disponer de un vaso graduado.

Solución prefabricada
Los concentrados líquidos o sales se mezclan con el agua de la regadera en las proporciones que son indicadas por el fabricante.
Elija el tamaño del barril según el número de plantas y el abono que necesiten. No prepare más cantidad de

## Consejos para abonar plantas de maceta

- No abonar cuando el cepellón esté seco. La solución de abono no se repartiría por igual y las raíces podrían «quemarse».
- Mantener húmedas las plantas muy abonadas.
- Verter el abono alrededor del cepellón por un igual.
- Evitar salpicar la planta con la solución de abono, a no ser que sea abono para hojas.
- No abonar hasta dos semanas después de haber plantado en sustrato manufacturado fresco, puesto que éste ya contiene abono.
- Las plantas de maceta que necesiten una cantidad normal de nutrientes se abonarán cada 14 días (cada semana, las «devoradoras de abono») a las dosis indicadas por el fabricante. Se recomienda abonar semanalmente a media concentración, para conseguir una aportación de nutrientes más uniforme y regular.
- Mantener regularmente la humedad del sustrato cuando se utilice abono de larga duración, para que los nutrientes puedan disolverse.
- Dejar de abonar a más tardar a finales de agosto, para que la madera pueda madurar del todo. ¡No abonar en invierno!
- Sólo las plantas que florecen en invierno se seguirán abonando con normalidad hasta después de la floración. Mantener después una fase de reposo de unas 4 semanas.
- ¡Es preferible abonar de menos que de más!

solución que la necesaria para dos abonados. Colocar el barril a la sombra y poner la tapa (¡Cuidado con los niños si tienen acceso al jardín!). Marcarlo para diferenciarlo de otro barril con agua de riego normal que pudiera estar junto a él. Remover bien la solución antes de usarla, para que se disuelvan bien los residuos (las sales sobre todo).

**Nuestro consejo:** para plantas «devoradoras de abono», disolver un puñado de granulado en 10 litros de agua.

Solución stock:

En este caso se trata de concentrados de abono preparados por uno mismo con abono sólido (sal o granulado), disuelto en una pequeña cantidad de agua. La solución stock ocupa muy poco sitio (por eso se adapta tan bien a la jardinería de balcón) y es más barata que los concentrados manufacturados, que a veces tampoco se encuentran en la dosis deseada.

- Ejemplo de abono para estimular la floración: 150 g de abono N-P-K 8:12:24 por cada litro de agua.
- Ejemplo de abono para estimular la floración y el crecimiento: 50 g (dos cucharadas llenas) de granulado (abono complejo N-P-K 12:12:17) por cada litro de agua. Remover con fuerza para que el granulado o la sal se disuelva bien y verterlo en una botella limpia señalada de algún modo. Ponerla en sitio oscuro y seco, fuera del alcance de los niños. Agitar la solución con fuerza cada vez que vaya a usarse. La preparación del agua de riego se realizará de acuerdo con la cantidad de concentrado indicada por el fabricante.

## ¿Qué hacer cuando se ha abonado en exceso?

El desprendimiento de las hojas verdes es señal de que el abono es excesivo.

Primeros auxilios

Extraer la planta del tiesto y esponjar el cepellón con cuidado. Cortar las raíces muertas (negras) hasta donde comienza el tejido sano. Plantar en tiesto con tierra de siembra fresca (sin abono alguno) y regar con moderación. Elegir un sitio protegido del viento que no esté a pleno sol. Esperar a que se formen raíces nuevas que llenen la tierra. Trasplantar después.

# ¿De qué padecen las plantas?

Emplazamientos inadecuados y errores de mantenimiento, suelen ser las causas más frecuentes de enfermedades e invasiones de parásitos. Las cochinillas, el pulgón lanígero y las moscas blancas aparecen cuando el aire es demasiado seco y caliente. La falta de aire, el exceso de humedad atmosférica y una mala ventilación (sobre todo en el cuartel de invierno) son el mejor caldo de cultivo para el moho gris (botritis). El agua de riego demasiado caliza es causa de carencias de hierro y magnesio (clorosis). Otros parásitos, como los gorgojos y sus larvas, arremeten contra hojas y raíces.

***Cochinillas.***

*Patología: animales de color marrón (los jóvenes más claros y planos) que chupan el envés de las hojas. Su secreción hace que las hojas sean propensas a la fumagina.*

*Adelfa invadida por parásitos*

*Remedio: lavar las hojas con solución jabonosa. Rociar con aceite mineral.*
***Nuestro consejo:***
*Tenga cuidado con los brotes nuevos.*

***Pulgones.***

*Patología: Rizamientos en hojas y brotes jóvenes. Los pulgones (verdes o negros) chupan las yemas y las puntas de los brotes y segregan un líquido viscoso que constituye el caldo de cultivo para las micosis (→ fumagina). Las hormigas protegen y «ordeñan» a los pulgones.*
*Remedio: rociar las plantas con un chorro de agua. Emplear animales útiles (crisopas, larvas de mariquita, cecidomias). Rociar con insecticida.*
***Nuestro consejo:***
*rociar repetidas veces con una solución alcohólico-jabonosa, a intervalos de una semana. Raspar los pulgones si la plaga es benigna.*

***Ácaros.***

*Las plantas de maceta suelen ser invadidas por ácaros comunes o arañas rojas.*
*Patología: telarañas que dan aspecto gris al envés de las hojas. Punteado blanquecino en los haces foliares. Los animales rojizo-amarillentos apenas se ven. Las hojas se vuelven amarillas, se secan*
*Remedio: introducir ácaros carnívoros. Emplear la sauna para plantas. Usar insecticidas específicos, los ácaros se hacen resistentes muy pronto. Como medida preventiva, se recomienda mantener un alta la humedad y cuidado exquisito.*
***Nuestro consejo:***
*Rociar las plantas afectadas a menudo con agua templada.*

# Enfermedades y parásitos más importantes

**Fumagina.**

*Patología: hojas y tallos cubiertos con una capa negra parecida al hollín, producida por hongos no parasitarios (fumagos) y que impide la actividad de asimilación de la planta, lo que, además de dañarla, le da un aspecto impresentable. La fumagina se asienta sólo en plantas invadidas por la ligamaza (→ pulgones). No es una enfermedad propiamente dicha. Remedio: lavar o rociar con agua clara las plantas afectadas. Combatir los pulgones. El tiempo seco favorece la aparición de la fumagina.* **Nuestro consejo:** *controlar las plantas y emplear los remedios a tiempo.*

**Pulgón lanígero.**

*Patología: formaciones parecidas a algodón en las axilas foliares o caulinares casi siempre y, a veces, también en las raíces . Secreciones viscosas.*

*Remedio: raspar las bolitas o lavar con agua jabonosa.* **Nuestro consejo:** *apartar las plantas «nuevas» de las afectadas y volver a ponerlas a los 14 días si no se han detectado parásitos en ellas.*

**Moscas blancas.**

*Patología: insectos alados en el envés de las hojas, chupan el jugo celular y segregan ligamaza viscosa. Emprenden el vuelo nada más tocar la planta. Larvas cetrinas, que cambian de color en las fases de desarrollo. Remedio: elevar la humedad, rociar las plantas con agua templada. Icneumónidos, placas amarillas, usar insecticida; cambiar de producto después de la tercera aplicación.* **Nuestro consejo:** *sacudir las plantas para que los insectos se echen a volar. Poner «al viento» las plantas más propensas (Anisodontea, Asarina, Hibiscus, Mandevilla, Polygala) o ya afectadas.*

**Moho gris (botritis).**

*Patología: capa de hongos de color gris en tallos y hojas. Pudrimientos marrones más tarde. Causas: exceso de abono nitrogenado, tiempo húmedo y fresco, espacio muy reducido. Remedio: poner las plantas en sitio más seco y mejor ventilado. No agitarlas. Eliminar a fondo las partes afectadas y destruirlas. Utilizar fungicida si la invasión es muy fuerte.* **Nuestro consejo:** *como esta plaga suele aparecer en el cuartel de invierno, se recomienda ventilar bien con más frecuencia y evitar cualquier corriente de aire directa sobre las plantas, por pequeña que sea.*

## ¿Qué propensión a enfermar tienen las plantas?

La propensión de las plantas a enfermar es muy reducida. La mayoría está en condiciones de protegerse contra los enemigos. Sin embargo, en condiciones desfavorables, pueden quedar expuestas a enfermedades y plagas.
Corren más peligro las plantas de maceta en invernaderos y jardines de invierno, porque las temperaturas y el aire seco o demasiado húmedo, así como la falta de ventilación, favorecen la invasión de parásitos.
Corren menos peligro las plantas que están a la intemperie, las condiciones de viento, humedad, lluvia y temperatura son naturales.

Placas adhesivas amarillas. En el pegamento quedan adheridos los insectos dañinos (moscas blancas, moscas del musgo, pulgones y trips) y los beneficiosos. Pese a todo, se recomienda su uso.

Sauna para plantas. Alto grado de humedad contra los ácaros. Regar la planta y rociarla con agua, cubrirla con un plástico, atarlo de forma que no entre aire y dejarlo así unos días.

## ¿Por qué enferman las plantas?

• Emplazamiento inadecuado. Ambiente seco o demasiado húmedo, luz y ventilación insuficientes.
Remedio: modificar las condiciones y adaptarlas a las necesidades de las plantas o ponerlas en otro sitio más adecuado.
• Plantas están muy juntas. Enfermedades y plagas pueden pasar de una planta a otra. El ambiente suele ser húmedo o demasiado seco.
Remedio: separarlas para que puedan secarse.
• Abonado deficiente. El exceso de abono nitrogenado estimula el crecimiento, pero crecen «tiernas», sin defensas ante los parásitos.
Remedio: cambiar el sistema de abono (→ página 34).
• Riego deficiente. Sustrato húmedo o seco. Plantas raquíticas y con pocas defensas contra los parásitos.
Remedio: mantener la humedad dentro de límites regulares. Sumergirlas en agua.
• Contagio: las plantas nuevas no sujetas a control pueden crear plagas.
Remedio: mantener en observación las plantas nuevas durante 8 a 14 días. Apartar las plantas enfermas. Así podrán recuperarse sin contagiar a las demás.
• Clorosis: (carencia de hierro). Agua de riego o sustrato demasiado calizo. Hojas amarillas, nervios foliares verdes todavía.
Remedio: descalcificar el agua, añadir preparados férricos.

## Cómo fortalecer las defensas de la planta

• Elija el emplazamiento adecuado para ellas.
• Protéjalas del exceso de sol y de la lluvia.
• Proporciónelas una alimentación equilibrada y bien dosificada.
• Riéguelas uniformemente.

Si las controla con regularidad, podrá combatir las plagas y su propagación.

Métodos mecánicos

Cuando la invasión es ligera, suelen ser muy eficaces métodos tan simples como:

• Recoger los insectos a mano, lavar o rociar las hojas caídas con un chorro de agua.
• Elevar la humedad.
• Cortar las partes de la planta invadidas o enfermas.

Métodos biológicos:

• Los insectos pueden emplearse como enemigos de las plagas. Sus huevos se venden en tiendas especializadas y sólo hay que colgarlos en las plantas afectadas. Causan efecto cuando tiene lugar la eclosión de las larvas. Su utilización es más efectiva en invernaderos o jardines de invierno, porque allí encuentran las mejores condiciones para su reproducción (temperatura, humedad...).

Contra los pulgones de las hojas se utilizan crisopas y cecidomias carnívoras; contra las moscas blancas, icneumónidos; contra el pulgón lanígero, mariquitas; contra los ácaros comunes, ácaros carnívoros; contra las moscas del musgo y las larvas de gorgojos, nematodos.

• Extractos de hierbas en tés, comprimidos, caldos, soluciones o estiércol líquido dan vigor a las defensas de las plantas. Su éxito suele ser poco satisfactorio cuando la plaga está extendida. El uso de los mismos puede ocasionar daños a las plantas debido a sus efectos y a que cada una los tolera de distinta manera. No obstante, merece la pena intentarlo cuando son pocas las plantas afectadas y la invasión es ligera.
• Con los productos que contienen piretrina se rocía toda clase de insectos chupadores y masticadores. Se fabrican a partir del extracto de flores de *Chrysanthemum cinerariifolium* (: pyrethrum c.) y se pueden adquirir en el comercio del ramo. ¡Cuidado, son venenosos si entran en contacto con heridas abiertas, caen sobre piel enferma o se introducen en el cuerpo por vía sanguínea! ¡Ponerse guantes! No usar en las proximidades de estanques, ríos y acuarios.
• Las soluciones alcohólico-jabonosas pueden ser preparadas por uno mismo. Son muy eficaces, sobre todo contra los pulgones.

Receta: disolver 1 cucharada de jabón blando en 1 litro de agua templada y añadir una cucharada de alcohol de quemar. Rociar las plantas afectadas a intervalos de tres días, hasta completar un total de tres aplicaciones.

• Productos oleosos, también conocidos como «aceites solares», tienen parafina o aceite mineral como base. Se consideran no venenosos y se obtienen buenos éxitos al rociar con ellos los pulgones. Los parásitos mueren porque la película de aceite en que quedan envueltos, les impide respirar. Pero... ¡cuidado!: no utilizar más que en plantas de hojas duras y nunca durante la brotadura.

Productos químicos:

El empleo de estos productos fitosanitarios es muy discutible (con razón), ya que suelen ser muy tóxicos y contaminantes. Sólo deben utilizarse en caso de plagas muy fuertes, sin empezar a «matar moscas a cañonazos» desde el primer momento. Es preferible empezar con productos menos tóxicos y atenerse siempre estrictamente a las indicaciones del fabricante (→ Advertencias importantes, página 62).

# Juego de colores con plantas de maceta y de balcón

Plantas de todo el mundo se dan cita en esta terraza. El *Fremontodendron californicum* procede de California; la bungavilla, la dulcamara y las petunias vienen de Sudamérica, mientras que la aucuba y el limonero han encontrado el camino hasta nosotros desde el Asia Oriental.
Entre ellas, una planta europea marginada: la campanilla de los Balcanes, con el incomparable azul de sus flores.

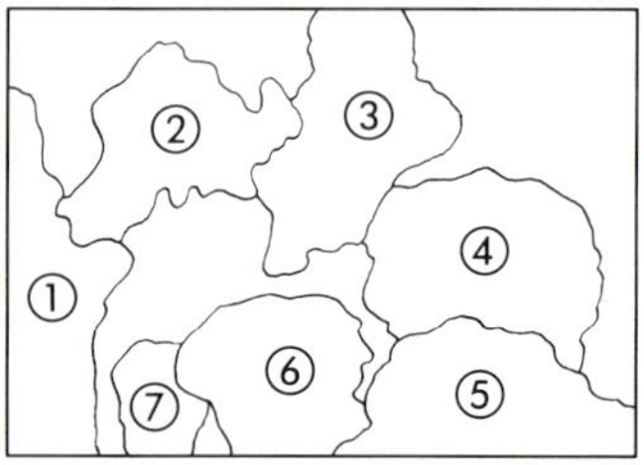


1. *Fremontodendron californicum.*
2. *Bougainvillea glabra* (Bouganvilla).
3. *Citrus limon* (limonero).
4. *Aucuba japonica* (aucuba).
5. *Híbrido de Petunia «Surfinia» con Plectranthus* (plectranto).
6. *Solanum jasminoides* (dulcamara).
7. *Campanula poscharskyana* (campanilla de los Balcanes).

## La poda es importante

Muchos jardineros tiemblan cuando se mencionan las tijeras y la poda. Descuidan ese cometido por miedo a dañar la planta o a poner en peligro la floración, sin darse cuenta que no hacerlo es peor, ya que las plantas que no se podan crecen raquíticas, pierden frondosidad, se hacen demasiado grandes y su aspecto es impresentable. Algunas especies florecen peor.

## Clases de poda para el cuidado de las plantas

Dos son las clases de poda más importantes: la poda de aclarado y la poda de conservación (→ ilustración). La poda ligera tiene importancia para las plantas que crecen ramificadas, como por ejemplo, *Acacia, Fremontodendron, Sesbania, Solanum wendlandii* y *Sutherlandia*.
**Nuestro consejo:** podar a fondo esas plantas bien avanzado el invierno, o después de la floración principal.
Pinzar: se consigue una mejor ramificación si durante el verano se arrancan, con las puntas de los dedos (se pinzan), los extremos de los brotes aún tiernos, aunque es cierto que con ello se retrasa la floración hasta el punto de que, muchas veces, la planta ya no florece en ese año.

### Podas de mantenimiento

*La poda de conservación consiste en retirar las ramas secas y marchitas y acortar los vástagos demasiado largos, se estimula la formación de brotes y se procura la frondosidad deseada. Se recomienda para las plantas que crecen divaricadas.*

*En el aclarado se procede a cortar las ramas que crecen hacia dentro, para que el aire y la luz penetren mejor dentro del ramaje y no aparezcan calvas en medio de la planta. Es necesario casi siempre en las plantas de hoja caduca.*

Sin embargo, al año siguiente la planta crece más compacta y da más flores.
Modo correcto de podar:
- Cortar siempre dejando hacia afuera del punto de inserción de la hoja y por encima de él, con lo cual los brotes nuevos crecerán hacia afuera también.
- Dar cortes limpios, para que los bordes de las secciones no se desgarren ni se dañe la corteza en los cortes.
- Untar las secciones (tamaño a partir del grueso de un dedo) con un producto cicatrizante, para que no pueda haber lugar a enfermedades.

**Nuestro consejo:** las plantas que presentan calvas en la parte inferior vuelven a echar brotes a partir de las yemas inferiores después de una poda a fondo.
¿Cuánto hay que podar?

Eso depende de la especie. Ahí no caben normas globales. Infórmese bien al comprar la planta y consulte libros y revistas especializados (→ página 62).

¿Cuándo hay que podar?

El momento oportuno varía con la especie y con la finalidad de la poda. La poda principal debe hacerse al acabar el invierno o al comienzo de la primavera (fin de enero a principios de marzo). No obstante, en el otoño se podará lo estrictamente necesario para que las plantas se adapten al cuartel de invierno, ya que la poda invernal las seca aún más (→ página 49).

**Nuestro consejo:** Plantas como *Anisodontea, Plumbago, Solanum rantonnetii y Tecomaria* pueden podarse durante todo el año sin problemas, porque con ello se estimula la formación de nuevas flores. Plantas como *Erythrina y Duranta*, que florecen en los extremos de los brotes, se podarán antes de la brotadura.

## Herramientas apropiadas

Una buena tijera de poda manejable es suficiente. Merece la pena comprar unas tijeras de calidad, ya que permenecerán en buen estado durante años. Las tijeras de baja calidad, en cambio, se deterioran enseguida, el filo de las cuchillas se vuelve romo y éstas se parten con facilidad al ladearlas. Además, no suele haber cuchillas de recambio o, si las hay, resultan más caras que unas tijeras nuevas. Las ramas gruesas se cortarán con una sierra fina, no con un cuchillo normal, pues sus dientes de sierra desgarran las secciones y producen otras heridas que son muy propensas a las micosis.

## Poda de moldeo o correctora

Este tipo de poda se puede realizar durante todo el año y sirve para dar a las plantas una forma que no tienen en la naturaleza. Se necesita paciencia y constancia para ello, como puede verse en el ejemplo de un arbolito. Son especies apropiadas al efecto *Anisodontea, Lantana, Leptospermum, Myrtus, Solanum y Tecomaria,* entre otras muchas, que pueden ser podadas en forma de cono, esfera o pirámide.

## Cómo formar arbolitos correctamente

Es una labor que se emprende con gusto, ya que la compra de arbolitos suele resultar muy cara. Pero hay que tener mucha paciencia para tener éxito en el empeño de convertir una planta joven en un arbolito.

1. Elija una planta joven bien derecha y con un solo tallo.
2. Poner un tutor apropiado y atar a él la planta. Tenga cuidado de no romper el primer par de hojas, ya que ello originaría el comienzo prematuro de la ramificación.
3. Arrancar con cuidado los brotes laterales y las flores a medida que vayan saliendo, hasta que la planta alcance la altura deseada. Es imprescindible conservar las hojas del tronco, ya que, de lo contrario, la planta no tendría follaje suficiente para los procesos metabólicos imprescindibles para el engrosamiento del tronco.
4. No abonar demasiado: la madera no maduraría como es debido y el tronco podría quebrarse.
5. Cortar el extremo superior de la planta cuando ésta haya alcanzado la altura deseada.
6. Atar con fuerza el tronco al tutor por debajo de la copa.
7. Siga arrancando las puntas de los brotes laterales a partir del primer par de hojas. De ese modo, los brotes nuevos formarán pronto una copa de arbolito compacta e imponente. Continuar así hasta conseguir la forma deseada.

El sustrato de los *Citrus* (naranjo enano en la foto de la izquierda), casi siempre muy cenagoso, y los típicos cepellones deshilachados de las *Correa* exigen un trasplante urgente en cada primavera.

# Hibernar y trasplantar

El cuartel de invierno adecuado es una necesidad imperiosa para nuestras exóticas plantas de maceta, tan acostumbradas al calor. Y al trasplantarlas a principio de temporada, se crearán las condiciones previas para que crezcan esplendorosas.

## Plantas de maceta perennes (hibernación en ambiente fresco)

| Nombre | Temp. | Luz | Riego |
|---|---|---|---|
| *Acacia* | *5-12º* | *claro* | *regular (C)* |
| *Acca sell.* | *5-12º* | *claro* | *regular (C)* |
| *Agave americano* | *5-12º* | *claro* | *exento* |
| *Anisodontea cap.* | *5-12º* | *claro* | *moderado* |
| *Arbustus unedo* | *0-8º* | *claro* | *moderado (C)* |
| *Asarina erub.* | *5-12º* | *claro* | *moderado* |
| *Calliandra tw.* | *5-12º* | *claro* | *moderado* |
| *Callistemon* | *0-8º* | *claro* | *moderado (C)* |
| *Ceratonia sil.* | *5-12º* | *claro* | *moderado* |
| *Chamaerops* | *5-12º* | *claro* | *moderado* |
| *Choisya tern.* | *0-8º* | *claro* | *moderado (C)* |
| *Chrysanthemum fr.* | *5-12º* | *claro* | *moderado* |
| *Citrus-Arten* | *5-10º* | *claro* | *regular (C)* |
| *Clianthus pun.* | *5-12º* | *claro* | *moderado* |
| *Corokia* | *0-8º* | *claro* | *moderado* |
| *Correa* | *5-12º* | *claro* | *regular* |
| *Eriobotrya jap.* | *0-8º* | *claro* | *regular* |
| *Fremontodend.* | *0-8º* | *claro* | *exento* |
| *Hardenbergia* | *5-12º* | *claro* | *regular* |
| *Hibicus rosa-s.* | *12-20º* | *claro* | *frecuente* |
| *Homalocladium* | *5-12º* | *claro* | *moderado* |
| *Kennedia* | *5-12º* | *claro* | *moderado* |

(C): calcífuga

| Nombre | Temp. | Luz | Riego |
|---|---|---|---|
| *Lagunaria* | *0-8º* | *claro* | *moderado* |
| *Lapageria ros.* | *0-8º* | *claro* | *moderado* |
| *Laurus nobilis* | *0-8º* | *claro* | *moderado* |
| *Leptospermum* | *0-8º* | *claro* | *regular (C)* |
| *Mandevilla ama.* | *12-20º* | *claro* | *moderado* |
| *Metrosideros* | *5-12º* | *claro* | *regular (C)* |
| *Nandina dom.* † | *0-8º* | *claro* | *regular* |
| *Nerium olean.* † | *0-8º* | *claro* | *moderado* |
| *Olea europaea* | *0-8º* | *claro* | *moderado* |
| *Pandorea jasm.* | *5-12º* | *claro* | *moderado* |
| *Parkinsonia ac.* | *5-12º* | *claro* | *moderado* |
| *Passiflora* | *5-20º* | *claro* | *regular* |
| *Phoenix can.* | *5-10º* | *claro* | *moderado* |
| *Pittosporum* | *0-8º* | *claro* | *moderado* |
| *Polygala myrt.* | *5-12º* | *claro* | *moderado* |
| *Sollya hetero.* | *5-12º* | *claro* | *regular* |
| *Strelitzia reg.* | *5-12º* | *claro* | *moderado* |
| *Tibouchina urv.* | *5-12º* | *claro* | *regular (C)* |
| *Trachelosperm* | *0-8º* | *claro* | *moderado* |
| *Trachycarpus* | *0-8º* | *claro* | *moderado* |
| *Viburnum tinus* | *0-8º* | *claro* | *regular* |
| *Washingtonia* | *5-8º* | *claro* | *moderado* |

(C): calcífuga

**Parásitos y enfermedades**

- Ácaros: *Acacia, Acca, Anisodontea, Chamaerops, Choisya, Citrus, Clianthus, Harderbergia, Parkisonia, Phoenix, Trachycarpus, Pittosporum, Polygala, Sollya.*
- Pulgones*: pulgón lanígero, cochinillas: Agave, Acacia, Arbutus, Citrus, Chrysanthemum, Eriobotrya, Hibiscus, Lapageria, Laurus, Mandevilla, Nerium, Pandorea, Trachycarpus.*
- Moscas blancas: *Anisodontea, Asarina, Hibiscus, Mandevilla, Polygala.*
- Mildiu: *Homalocladium.*
- Escarificaciones: *Eriobotrya.*

**Temperaturas orientativas para retirar las plantas**

(Evitar que el cepellón se congele cuando caigan heladas esporádicas).

- Plantas que resisten heladas de hasta -5 ºC: *Acacia, Acca, Arbutus, Callistemon, corokia, Eribotrya, Fremontodendron, Lagunaria, Lapageria, Leptospermum, Nerium, Pittosporum.*
- Plantas que resisten heladas de hasta -10 ºC como máximo: *Choysia, Laurus, Olea, Trachelospermum.*
- Plantas que resisten el frío del invierno de las regiones templadas: *Nandina, Trachycarpus, Viburnum tinus.*

**Nota:** Controlar las plantas perennes cada poco, con vistas a detectar a tiempo posibles invasiones de animales dañinos.

## Plantas de maceta de hoja caduca (hibernación en ambiente fresco)

| Nombre | Temp. | Luz | Riego |
|---|---|---|---|
| *Abutilon* | *0-20º* | *c-o* | *moderado* |
| *Acnistus austr.* | *5-12º* | *c-o* | *moderado* |
| *Agapanthus* | *0-8º* | *c-o* | *exento* |
| *Albizia julib.* | *0-8º* | *claro* | *exento* |
| *Araujia* | *5-12º* | *claro* | *moderado* |
| *Asclepias curr* | *5-12º* | *claro* | *exento* |
| *Bauhinia* | *5-12º* | *claro* | *moderado* |
| *Bougainvillea* | *5-12º* | *claro* | *exento* |
| *Brugmansia* ✝ | *5-12º* | *c-o* | *moderado* |
| *Caesalpinia gil* | *0-8º* | *c-o* | *exento* |
| *Campsis radic.* | *0-8º* | *c-o* | *moderado* |
| *Cassia corymb.* | *5-12º* | *c-o* | *moderado* |
| *Ceratostigma* | *5-12º* | *claro* | *exento* |
| *Cestrum* ✝ | *5-12º* | *c-o* | *moderado* |
| *Clerodendrum* | *5-12º* | *claro* | *exento* |
| *Cyphomandra* | *5-12º* | *c-o* | *rmoderado* |
| *Diospyros K.* | *0-8º* | *c-o* | *moderado* |
| *Dregea sinensis* | *0-8º* | *claro* | *exento* |
| *Duranta rep.* | *5-12º* | *claro* | *moderado* |
| *Erythrina* | *5-10º* | *c-o* | *exento* |
| *Ficus carica* | *0-8º* | *claro* | *moderado* |
| *Fuchsia* | *5-10º* | *c-o* | *moderado* |

(C): calcífuga c-o: claro a oscuro

| Nombre | Temp. | Luz | Riego |
|---|---|---|---|
| *Grevillea* | *5-12º* | *claro* | *moderado (C)* |
| *Indigofera het.* | *0-8º* | *claro* | *moderado* |
| *Iochroma* | *5-12º* | *claro* | *moderado* |
| *Jacaranda mi.* | *5-12º* | *claro* | *regular* |
| *Juanulloa* ✝ | *5-12º* | *claro* | *exento* |
| *Lagerstroemia* | *0-8º* | *claro* | *exento* |
| *Lantna-Hybr.* ✝ | *5-12º* | *claro* | *moderado* |
| *Leonotis leo.* | *0-8º* | *claro* | *exento* |
| *Leucaena gl.* | *0-8º* | *claro* | *exento* |
| *Malvaviscus* | *5-12º* | *claro* | *moderado* |
| *Mandevilla laxa* ✝ | *5-12º* | *claro* | *exento* |
| *Melia azedar.* ✝ | *0-8º* | *claro* | *moderado* |
| *Montanoa bi.* | *5-12º* | *claro* | *moderado* |
| *Nicotiana gl.* ✝ | *5-12º* | *claro* | *moderado* |
| *Plumbago aur.* | *5-12º* | *claro* | *moderado* |
| *Podranea ric.* | *5-12º* | *claro* | *exento* |
| *Poncirus* | *0-8º* | *claro* | *moderado* |
| *Punica gran.* | *0-8º* | *claro* | *exento* |
| *Sesbania tri.* | *0-8º* | *claro* | *exento* |
| *Solanum* ✝ | *5-12º* | *claro* | *moderado* |
| *Tecoma stans* | *5-12º* | *claro* | *moderado* |
| *Tecomaria cap.* | *5-12º* | *claro* | *moderado* |

(C): calcífuga c-o: claro a oscuro

**Parásitos y enfermedades**

- Ácaros: *Asclepias, Bauhinia, Ficus, Cestrum, Diospyros, Dregea, Erythrina, Juanulloa, Leonotis, Sesbania, Solanum.*
- Moscas blancas: *Abutilon, Acnistus,* todas las *Cassia y Cestrum, Cyphomandra, Duranta, Fuchsia, Oichroma, Malvaviscus, Mandevilla, Montanoa, Nicotiana, Solanum.*
- Pulgones: *Bauhinia, Bougainvillea, Cyphomandra, Juanulloa, Lagerstroemia;* los brotes recientes de *Melia, Podranea* y *Tecomaria* suelen ser los más propensos.

✝ ¡Cuidado!*:* ¡Planta o partes de la planta venenosas!

**Temperaturas orientativas para retirar las macetas**

(Evitar que el cepellón se congele cuando caigan heladas esporádicas).

- Plantas que resisten heladas de hasta - 5 ºC: *Abutilon, Albizia julibrissin, Caesalpinia gilliesii, Cassia corymbosa, Diospyros, Dregea, Lagerstroemia, Leonotis, Melia, Plumbago, Punica.*
- Plantas que resisten el frío del invierno de las regiones templadas: *Campsis, Ficus carica, Indigofera, Poncirus.*

**Nota:** Cuanto más baja sea la temperatura del cuartel de invierno, tanto menor será también el suministro de agua a las plantas.

*Figura y macetas de arcilla junto a* Acacia armata, Cytisus recemosus *y* Jacobinia pauciflora.

## ¿Hay plantas de maceta resistentes al invierno?

La mayoría de estas plantas no resisten el frío, y deben hibernar en sitios protegidos. Hay especies que pueden hibernar a la intemperie si se las protege como es debido (→ páginas 46/47). En zonas templadas, algunas pueden soportar el frío invernal, o pasan el invierno como bulbos, tubérculos, etc.

«Resistente a las heladas o al frío del invierno»: es frecuente que se importen plantas «resistente al invierno», válido en origen, pero no en destino. ¡Cuidado!: algunos vendedores usan ese truco.

«Resistente al invierno en clima vitivinícola» la planta puede sobrevivir a la intemperie protegida contra el frío y con climatología un poco propicia (poca humedad y heladas suaves). De todas formas, el sitio más seguro para mantener las plantas es un cuartel de invierno.

## ¿Cuándo hay que retirar las plantas?

Depende de lo resistentes que sean a las heladas, lo que implica tener que estar atentos a los partes meteorológicos a partir de octubre.

Antes de retirar las plantas hay que protegerlas del exceso de lluvia, para que no estén mojadas al retirarlas. Eso es muy importante:

- El agua hace que el tiesto y la tierra pesen más.
- La falta de masa foliar, el frío y la fase de reposo impiden que el agua sea absorbida. Las raíces se pudren y la planta muere.

No retirar las plantas demasiado pronto:
Cuanto menor sea la estancia en el cuartel de invierno, mejor. Si se retiran las plantas a partir de octubre y se sacan a partir de mayo, las plantas pasarán unos 7 meses en un sótano con poca luz. A la larga, ninguna planta puede soportarlo sin sufrir daños, aunque la mayoría sean robustas y resistan las bajas temperaturas durante corto tiempo.

Proceso a seguir:

1. En cuanto se prevean las heladas nocturnas, retirar las plantas sensibles a las heladas: *Boungaivillea, Brugmansia, Carissa, Cassia didibotrya, Cestrum, Citrus, Erythrina, Hibiscus, Homalocladium, Iochroma, Lantana, Mandevilla, Musa, Papyrus, Passiflora, Tibouchina.*
2. Dejar fuera las otras plantas, ya que muchas de ellas se recuperan con la temperatura templada. Póngalas junto a una pared que les sirva de protección, donde (en caso necesario), podrán ser cubiertas con plástico, mantas de lana o cartón grueso.
3. Las plantas que resistan temperaturas de algunos grados bajo cero, podrán ser retiradas más tarde (→ página 46/47).

## Poda ligera antes de retirar las plantas

En principio, conviene podar las plantas antes de retirarlas, pero no de manera drástica. Basta con:

- Podar las plantas lo suficiente para que quepan en el cuartel de invierno.
- Quitar las ramas secas, delgadas y quebradas
- Podar las plantas perennes para ponerlas «en forma». La reducción de la masa foliar reduce la evaporación, al tiempo que previene contra las plagas. La poda definitiva se realizará antes de la brotación, en la primavera siguiente (→ página 42).

Se podará a fondo cuando las plantas estén muy ramificadas o la especie lo requiera (*Fuchsia, Lagerstroemia, Lantana, Punica, Plumbago*).

**Nuestro consejo:** No podar mucho la *Brugmansia*, porque las secciones se resecan aún más en invierno. La poda definitiva se realizará en la primera brotación.

# Prácticas: hibernación

## Preparativos para retirar las plantas y cuidados posteriores

• Preparar la calefacción para el cuartel de invierno.
• Poner junto a la ventana las plantas ávidas de luz.
• Detrás, las plantas que no necesitan tanta luz. Las plantas que hibernan en oscuridad pueden ser colocadas en un rincón más oscuro.
• No ponerlas cerca de la calefacción.
• Poner placas de polispán debajo de las plantas, para que no se enfríen.
• No juntarlas demasiado. Se puede fomentar la aparición de plagas y su propagación por todas ellas.
• Disponer de una buena ventilación, sin corrientes directas.
• Inspeccionar las plantas una vez a la semana. Retirar las hojas caídas.
• Regar cuando sea necesario (→ <u>Prácticas:</u> cuidados en invierno, págs, 46/47).

## Prevención contra parásitos

• Colgar placas amarillas (→ ilustración, página 38) contra moscas blancas, moscas del musgo, pulgones y trips.
• Controlar las plantas cada semana.
• Retirar a mano los pulgones, si la invasión es ligera.
• Utilizar insecticida si la plaga es fuerte.
• Ventilar en los días que no hiele. Evitar las corrientes de aire.
• Si el aire es seco, elevar el grado de humedad colocando de bandejas con agua.
• En caso de plantas afectadas de botritis por exceso de humedad, llevarlas fuera, para que las esporas no contagien a las otras. Quitar las hojas enfermas y rociar con un fungicida.

## ¿Cuándo hay que regar?

En el caso de plantas de maceta grandes: a menos temperatura, menos riego. Las plantas de hoja caduca se regarán lo justo, para que no se sequen del todo. Mantener las plantas perennes con humedad moderada. No dejar secar los cepellones.
<u>No regar en absoluto</u> (si hibernan en sitio fresco): *Erythrina, Fremontodendron, Lagerstroemia, Punica, Strelitzia.*
<u>Las plantas jóvenes</u> se colocarán en sitio caliente y se regarán gota a gota. Esto se aplica a las plantas viejas que no necesitan riego en invierno (*Erythrina, Punica*). Utilizar sólo agua reposada y templada.
**Nuestro consejo:** en invierno, regar gota a gota las plantas jóvenes de *Erythrina*, hasta que se haya engrosado la base del tronco (al cabo de 1 o 2 años).

## Calefacción

• Los radiadores de aceite con un termostato que conecta la calefacción cuando hiela, son muy eficaces y suponen un gran ahorro, máxime si se aíslan las paredes del cuartel de invierno.
• Se puede utilizar un calefactor de aire con termostato.

*Quitar en seguida las hojas mustias, amarillas y enmohecidas.*

*Retirar cada poco las hojas caídas (peligro de pudrimiento).*

• No son recomedables las estufas de gas, por su alto consumo y a la gran producción de $CO_2$.

**Nuestro consejo**: Poner un tiesto de arcilla encima de un candelabro, a manera de tulipa. La vela calentará el tiesto y este difundirá el calor por el recinto. Así las plantas resistirán las pequeñas heladas, si el cuartel de invierno es pequeño.

## Luz adicional

Las plantas perennes nacesitan más luz cuando se desprenden de las hojas.

• Las lámparas de neón son baratas y consumen menos que las bombillas.

*La luz es importante. Emplear unas lámparas si hay poca luz.*

• Usar tubos de neón de tonos cálidos.

• Utilizar lámparas fluorescentes sólo en la primavera o en habitación caliente, porque las plantas no guardan el reposo invernal con ese tono y siguen creciendo.

• Atornillar las lámparas a una plancha de madera y colgarla a 50 cm de altura por encima de las plantas. Dejarlas encendidas 10 a 12 horas diarias. La instalación de un reflector permite aprovechar más la luz, estimula la brotadura en primavera y amortigua el «afán de crecer» de las plantas.

## Medios de transporte

El transporte de plantas con macetas pesadas requiere un gran esfuerzo.

Patinete: costará menos trabajo mover las plantas si se ponen debajo soportes con ruedas. Se aconseja construirlos uno mismo, ya que de ese modo, podrá adaptarlos a sus necesidades individuales.

*El patinete para plantas de maceta es práctico y ahorra esfuerzos.*

*Un carrito ayuda a subir y bajar plantas por las escaleras.*

Un carretillo viene bien para el transporte por escaleras. Tiene que ser estable y estar provisto de grandes ruedas y superficie de apoyo adaptable a diferentes tamaños.

Plano inclinado: es un método muy práctico para subir y bajar escaleras. Colocar uno o dos tableros estables sobre las escaleras y deslizar las macetas sobre ellos. Sujetarlas bien y cuidar que los tableros no se resbalen.

**Nuestro consejo:** realice siempre esos trabajos de transporte entre 2 o 3 personas.

Precauciones a tomar para el transporte de plantas ramosas y espinosas.

• Ponerse guantes protectores.

• Atar las ramas para que no sobresalgan por los lados,

• Envolverlas con un saco de plástico resistente o con cartón recortado y atarlo después con un cordón.

**Nuestro consejo:** transporte siempre las plantas grandes con la maceta hacia adelante. Así se evitará que se parta alguna rama.

## Cuarteles de invierno

Si dispone de un invernadero con calefacción o de un jardín de invierno, la única cuestión que se plantea es saber cuántas plantas caben. Pero lo normal es contentarse con cuarteles de emergencia que resultan igual de buenos para la hibernación si cumplen ciertas normas.

Condiciones necesarias:

- tener buena ventilación y protección ante las heladas;
- tener mucha claridad (o instalar luces adicionales);
- tener posibilidad de regular la temperatura, según las exigencias de cada planta;
- estar protegido contra la radiación solar intensa.

Invernadero, jardín de invierno o recinto acristalado:
Temperatura nocturna no inferior a 5 °C, la diurna no superior a 15 °C. Ventilar en días soleados o sin heladas. Evitar las corrientes de aire. Poner la calefacción si es necesario, el aislamiento ahorra costes de calefacción.
**Nuestro consejo:** controle la temperatura con un termómetro de máximas y mínimas y regule la calefacción.

Hibernación en casa.
Poner las plantas en una habitación sin calefacción o en un pasillo claro y fresco, según las necesidades de luz y temperatura. Meterlas en casa a tiempo, para que se aclimaten. No será un reposo riguroso, por tanto, no abonarlas y regarlas poco.
**Advertencia:** El aire caliente y seco puede ser nocivo.

Desván o buhardilla:
Colocar las plantas bajo el tragaluz. Protegerlas de las heladas con calefacción adicional y envueltas en plástico.

Garajes o cobertizos:
Colocar las plantas cerca de la ventana para una mejor ventilación y luminosidad. Poner calefacción e iluminación adicional si es preciso. Aislar el recinto para reducir costes de calefacción.

Entrada del sótano o sótano con claraboyas
Poner aislamiento y calefacción. Rellenar los huecos entre los tiestos con paja, periódicos o polispán. Tener cuidado con los ratones.

Sótano fresco:
Es el más utilizado. Temperatura entre 5 y 10 °C (no se necesita calefacción). Procurar buena ventilación y luz suficiente (luz adicional). En el sótano de la calefacción, hace demasiado calor.

## Hibernación a la intemperie

¿Por qué es tan difícil? El contenido del tiesto se congela con las heladas, y el frío impide que se descongele, lo que ocasiona daños a las raíces, que no pueden absorber agua. Consecuencia: la planta se seca. Aparte de otros daños que pueda sufrir la tierra del tiesto, el hecho de que la planta esté sedienta es suficiente para matarla. La implantación en el suelo proporciona algo de protección. En circunstancias favorables y con invierno suave, se puede hacer el intento. Plantas muy apropiadas para eso son: *Choisya ternata, Ficus carica, Nandina domestica, Passiflora caerulea, Viburnum tinus.*

En el jardín:

1. Las plantas tienen que ser implantadas con tiempo para que arraiguen en el suelo.
2. Cubrir la zona de las raíces con hojas, paja o estiércol.
3. Proteger las plantas del pleno sol y el frío gélido. Colocar encima un armazón, cubierto de planchas de plástico o capas de paja.
4. Prever la posibilidad de ventilación y sombreado.

**Nuestro consejo:** la implantación junto a una pared de la casa sirve de protección a las plantas, al tiempo que ofrece una buena posibilidad de sujcción para el armazón.

En balcón y terraza:
1°. Colocar la maceta muy pegada a la pared y envolverla en polispán o plástico.

*Bonita combinación de plantas de maceta junto a la casa:* Abutilon, Agapanthus, Solanum y Brugmansia.

*Flor de* Brugmansia.

2º. Poner la maceta directamente sobre una placa de polispán grueso para que sirva de aislamiento.
3º. No regar en los días de helada.

## Fases de crecimiento y de reposo

Las plantas de maceta tienen una fase de crecimiento y otra de reposo, como especies subtropicales que son. En algunas zonas geográficas, eso se pone de manifiesto, sobre todo, en la hibernación. Así tenemos que la defoliación suele depender de la duración de la luz diurna y no de la cantidad de agua suministrada.

# Prácticas: trasplantar correctamente

## ¿Cuándo hay que trasplantar?

La mejor época es la primavera, cuando se sacan las plantas al exterior, no se debe hacer en la época de crecimiento (junio). Las plantas se trasplantarán, cuando:

• la tierra del tiesto esté llena de raíces;
• aparecen carencias a pesar de un abonado periódico;
• el sustrato es viejo y está hinchado.

Las plantas jóvenes suelen necesitar varios trasplantes al año. Aumentar en 2 tallas el tamaño de cada tiesto nuevo.
Las plantas muy radicosas, como *Abutilon, Brugmansia, Cestrum* e *Iochroma*, se trasplantarán cada año.
La reducción del volumen del cepellón es imprescindible cuando ocupan toda la maceta. Cortarlo por los lados y por debajo, hasta que, al poner la planta en el tiesto, se compruebe que queda espacio para añadir 2-3 cm de tierra nueva, proceder entonces a la plantación definitiva.
Excepción: algunas plantas necesitan tiestos repletos de raíces para florecer mejor. (*Agapanthus*), y se trasplantan cuando las raíces se salen del tiesto.

## El trasplante paso a paso

1. No regar las plantas antes de cambiarlas, es más fácil con el sustrato seco.
2. Sumergir en agua el cepellón antes de poner la planta en el tiesto nuevo.
3. Cortar las raíces muertas (no arrancarlas), acortar las que estén largas y rastrillar el entramado filamentoso de las raíces.
4. Poner en el fondo una capa de cascotes, de gránulos de arcilla expandida o de grava para que sirva de drenaje y dé más estabilidad a la maceta.
5. Echar tierra nueva, introducir la planta, rellenar los huecos y apisonar ligeramente.
6. Dejar un borde de riego de 1 a 2 dedos de alto, según el tamaño de la maceta. Regar la planta. Comenzar a abonar al cabo de unos 14 días (→ Métodos de abonado, página 34).
7. No olvidar etiquetar las plantas, sobre todo si son jóvenes.

## El drenaje

Las plantas grandes necesitan una capa de drenaje. Con ello se evita que el sustrato y las raíces puedan atascar el orificio de

*1. Cambiar de maceta cuando esté llena de raíces.*
*2. Eliminar las raíces viejas con un cuchillo.*
*3. Poner una capa de drenaje y colocar lana encima.*
*4. Introducir la planta y rellenar con sustrato nuevo.*

*Rastrillar el cepellón a fondo con un rastrillo de mano.*

desagüe, que es la causa más frecuente de los encharcamientos; pues el impide el discurrir normal del agua sobrante.

• Poner una capa de 10 cm de grava semifina o de gránulos de arcilla expandida.

• Poner encima un trozo de lana doblado, para que cubra parte de las paredes, o extender tiras delgadas de plástico como las que se emplean en los bancales de verduras. Tanto la lana como las tiras de plástico tienen la misión de impedir que los menudos de tierra se depositen sobre el drenaje y lleguen a obturar el orificio de desagüe.

## Cómo trasplantar con más facilidad

Las plantas grandes con macetas pesadas suelen crear problemas a la hora de trasplantar. He aquí algunos trucos, para facilitar ese trabajo.

• Mantener secas, por poco tiempo, las plantas que tengan macetas de plástico. Así se separará mejor la tierra de las paredes.

• Las plantas con macetas de terracota o de madera, en cambio, se trasplantan con más facilidad si se riegan previamente.

• Tumbar la planta y golpear alrededor de las paredes de la maceta para que se suelten los cepellones muy adheridos.

• Utilizar un cuchillo largo y deslizarle por dentro, a lo largo de las paredes de la maceta, y soltar así las raíces finas.

• Las plantas grandes se manejan mejor entre dos. Uno sujeta la planta por el tronco y la alza junto con la maceta, mientras el otro golpea el borde fuertemente con la palma de la mano.

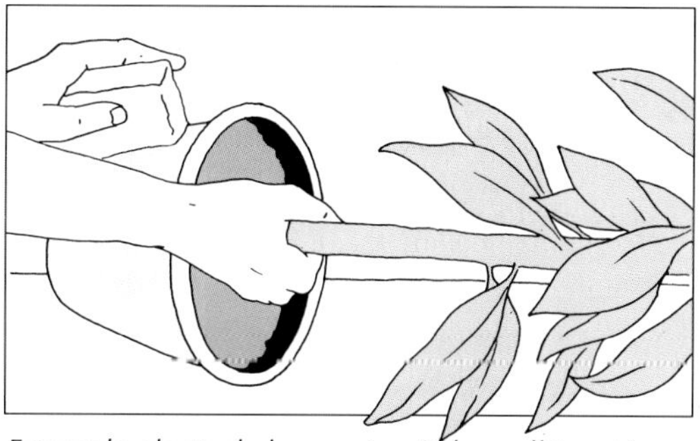

*Extraer la planta de la maceta: si el cepellón está muy deshilachado, golpear alrededor de la maceta con una piedra o un objeto duro. La planta saldrá después con más facilidad.*

## Preparación y cuidado de los recipientes

Lavado: antes de plantar, se recomienda mantener sumergidos en agua los recipientes de terracota y arcilla no barnizados, hasta que no suelten burbujas. Si no se hace así, el tiesto absorberá la humedad del sustrato, lo que ocasionará la aparición de sedimentos.

Los sedimentos de los maceteros de arcilla o terracota no tienen por qué ser considerados como feos. Son como son y nada más. Si, a pesar de todo, se quiere eliminar los bordes blancos, se introducirá el macetero en una bañera con agua a la que se habrá añadido varios puñados de turba, y se mantendrá allí 24 horas o más. La cal y las algas desaparecerán con una mezcla de agua y vinagre en proporción 2:1, a la que se añadirá un puñado de sal por cada litro. Podrá evitar ese problema si pone la planta y su tiesto en un macetero de terracota y rellena los huecos con grava o arena.

## Volver a sacar las plantas

Pasado el tiempo de las heladas, puede ponerse todo en marcha de nuevo. Pero esta vez en sentido contrario a como se procedió al retirar las plantas, sacando primero a la intemperie las plantas menos sensibles a las heladas. Antes hay que inspeccionar los daños de la hibernación, podar las plantas (→ La poda adecuada, página 42) y eliminar los brotes exuberantes. Después del reposo invernal, las plantas son más sensibles al frío y al sol. De ahí que las hojas de algunas plantas presenten daños por quemaduras de sol, pero se regeneran muy pronto. En caso de heladas tardías, use los mismos medios de protección que cuando retiró las plantas.
**Nuestro consejo:** no se apresure a tirar las plantas de maceta que parezcan estar muertas. Compruebe si aún hay vida en ellas:
Prueba de la uña: rasque con la uña varias zonas de la corteza. Si encuentra debajo algo de tejido verde, significará que la planta vive todavía. El tejido marrón u oscuro suele indicar que la planta ya está muerta. De todas formas, no las tire antes de junio; pues muchas vuelven a brotar a partir del rizoma.

## Trasplantar las plantas de maceta

Cuando comienza el crecimiento, es el tiempo apropiado para trasplantar. Poner tierra fresca en las plantas de maceta, eliminar la raigambre filamentosa y abonar son el mejor punto de partida para la nueva temporada.
Tierras para plantas: la oferta va desde tierra de jardín hasta tierra especial para determinadas plantas, pasando por tierra mezclada por uno mismo. ¿Qué puede hacer ante tanta oferta?
**Nuestro consejo:** casi todas las plantas prosperan en tierra de jardín comprada en comercios del ramo. Se trata de una mezcla de 1 parte de arena ácida (silícea) por cada 5 partes de tierra, lo que da esponjosidad al sustrato y previente contra los encharcamientos. Para plantas que requieren un sustrato ácido (valor pH 4,5 - 5,5), como *Bougainvillea, Tibouchina o Correa*, se mezcla la tierra de jardín con turba, en la proporción 5 : 2. Más fácil aún es el empleo de sustrato ya preparado para plantas de bancal turboso, llamado tierra para azaleas y rododendros.
Tenga esto presente: la tierra preparada ya contiene abono, por lo que habrá que esperar unas 2 semanas para empezar a abonar (→ página 34).
Prescinda de adquirir tierras baratas en los supermercados, porque suelen carecer de componentes importantes para la nutrición de las plantas y no contienen abono.

## Recipientes

Tiestos y macetas son la «vestimenta» de nuestras plantas. La elección de los mismos depende de su gusto personal y de su portamonedas.
Son baratos los tiestos y macetas de plástico negro. Para plantas grandes se recomiendan macetas de mortero de 65 o 90 litros, tienen asas para el transporte y son muy estables. No olvide hacer un orificio en la base para el desagüe.
Tienen un precio intermedio los recipientes de barro cocido o cerámica. Suelen tener formas suntuosas, pero es frecuente que presenten pequeñas quemaduras. Escoja los que mejor estén cuando vaya a comprarlos. ¡Cuidado! Esas macetas no siempre resisten las heladas.
Son muy caros los recipientes de arcilla o terracota auténtica. Tienen formas muy bellas, son consistentes y resisten las heladas, además de que conservan ese toque tan especial de las plantas de maceta mediterráneas.

*Mediante la elección de las macetas y demás recipientes podemos dar a nuestras plantas un aspecto mucho más vistoso*

Los maceteros de plástico son más propios para jardines de invierno o en el interior de las viviendas, ya que no tienen orificios de desagüe. Además, cuando están a la intemperie, hay que vaciar el agua que se se acumula en ellos cada vez que llueve con fuerza.
Las macetas de plástico con sistema de riego de larga duración, suministran agua y nutrientes a las plantas durante un tiempo prolongado (→ Riego, página 28). Como se puede plantar en ellas directamente, resultan muy prácticas para plantas de maceta.
Puede darles colorido si pone debajo de ellas un soporte con ruedas. La lluvia puede hacer que se acumule agua en exceso cuando están a la intemperie. Se recomienda, por tanto, taladrar la placa del fondo, por encima del depósito de agua.
Los recipientes de madera no se pasan de moda nunca. La madera aisla bien y no pesa tanto como la arcilla, aunque se resiente más con la humedad y el mal tiempo.

## Índice de materias y de plantas

En las páginas con *, usted encontrará la descripción de la planta correspondiente y datos sobre los cuidados que requiere.
C: Cubierta

**A**blandante químico del agua 31
Ablandantes 27, 27
Ablandar el agua 27, 27
Abonado de cobertera 34
Abonado de larga duración 34, 35
Abonado de las hojas 34
Abono 33
Abono complejo 33
Abono complejo granulado 33
Abono de reserva 34
Abonos inorgánicos 33
Abonos líquidos 33
Abonos orgánicos 33
Abutilón 12, 14*
*Abutilon* 7, 16, 18, 20, 21, 47*, 53, 54, C4
Acacia 10*
*Acacia* 7, 26, 27, 42, 46*
*Acacia armata* 48
Acacia de Constantinopla 14*
*Acacia sellowiana* 10*, 16, 26, 46*
Ácaros 36, 36, 39, C3
Ácaros carnívoros 39
Aceite de parafina 39
*Acnistus australis* 14*, 47*
Adelfa C1, 9, 11*, 18,
*Agapanthus* 7, 16, 22, 30, 47*, 53, 54
Agapanto 14*
Agave 22
*Agave americana* 9, 46*
Ágave 9
Agua 26
Agua de la traída 31
Agua de lluvia 30
Agua necesaria 26
*Albizia* 16
*Albizia julibrissin* 14*, 47*
Algarrobo 10*
*Anisodontea* 7, 16, 27, 43
*Anisodontea capensis* 10*, 21, 46*
Añil 15
Arauja 14*
*Araujia sericifera* 14*, 47*
Árbol de seda 14*
Arbolitos 43
Arbusto del coral 14*
*Arbutus* 7, 26
*Arbutus unedo* 10*, 16, 22, 46*
Arce de flor 12, 14*
*Asarina* 7, 16,
*Asarina erubescens* 10*, 46*
*Asclepias curassavica* C1, 14*, 47*
Asimilación 23
Aucuba 40
*Aucuba japonica* 16, 40
Ave del paraíso 11*

**B**arritas de abono 33
Beleso 13, 15*
Bignonia 14*, 15*
Botritis 37
*Bougainvillea* 7, 17, 18, 22, 32, 47*, 49, 56
*Bougainvillea glabra* 4, 13, 14*, 17, 40
Brugmansia 13, 14*
*Brugmansia* 16, 17, 21, 27, 34, 47*, 49, 53, 54
*Brugmansia aurea* 13
Buganvilla 14*, 40

**C***aesalpinia gilliesi* 14*, 47*
*Caesapilnia* 16
Calcio 26, 32
Calentar 50
*Calliandra* 22, 27
*Calliandra tweedii* 9, 10*, 46*
*Callistemon* 7, 26, 46*
*Camellia* 7, 16
Campanilla de los Balcanes 40
*Campanula porschaskyana* 40
*Campsis* 7
*Campsis radicans* 14*, 47*
Cáncer de la adelfa C3, C3
Caquí 14*
*Carissa* 7, 49
Carrito 51, 51
Casia 13, 14*, C4
Casos problemáticos 21
Caspillas 36, 36, 39
*Cassia* 7, 16, 27
*Cassia corymbosa* 13, 14*, 47*, C4
*Cassia didimobotrya* 16, 49
Catalpa 14*
Cecidomias carnívoras 39
*Ceratonia* 7
*Ceratonia siliqua* 10*, 46*
*Ceratostigma* 16, 47*
Cestro 14

# Índice


*Cestrum* 7, 16, 17, 18, 27, 34, 47*, 49, 54
*Cistus* 7
*Citrus* 7, 16, 33, 49
*Citrus limon* C1, 4, 40
*Chamaerops humilis* 10*, 46*
Chinches de la hoja C3, C3
Choisia 7, 16
*Choisya* 7, 16
*Choisya ternata* 10*, 22, 46*, 52
*Chrysanthemum frutescens* C1, 10*, 46*
*Clapparis* 7
Clerodendro 14*
*Clerodendrum ugandense* 14*, 47*
*Clianthus puniceus* 10*, 46*
Cochinillas 37, 37, 39
Compra de plantas de maceta 18, 19
Cono de abono 33
Cono de cerámica 28
Consejos para el abonado 35
*Corokia* 7, 16, 22, 46*
*Correa* 16, 44, 46*, 56
Coste de las plantas de maceta 18
*Crinodendron* 16
Cuartel de invierno 49, 52
*Cycas* 7
*Cyperus papirus* 16
*Cyphomandra betacea* 14*, 47*
*Cytisus racemoso* 48

**D**atilera de Canarias 11*
Defectos de mantenimiento 38
*Diospyros kaki* 14*, 47*
Disposiciones legales 23
*Dodonea* 7, 22
*Dregea sinensis* 13, 14*, 16, 47*
Drenaje 28, 55
Dulcamara 15*, 40
Duranta 14*
*Duranta* 16, 43
*Duranta repens* 14*, 47*
Dureza del agua 26
Durillo 11

**E**je caulinar 6
Encharcamientos 28
Enfermedades 36
Envíos de plantas de maceta 21
Época apropiada para la poda 43
Época de transplantar 56
*Eriobotrya* 7, 16, 22, 33,
*Eriobotrya japonica* 10*, 46*
*Erythrina* 7, 16, 17, 43, 47*, 49, 50
*Erytrhina crista-galli* 14*
Especies de *Abutilon* 14*
Especies de *Acacia* 10*
Especies de *Agapanthus* 14*
Especies de *Bahuinia* 14*, 47*
Especies de *Brugmansia* 14*
Especies de *Ceratostigma* 14*
Especies de *Cestrum* 14*
Especies de *Citrus* 10*, 46*
Especies de *Corokia* 10*
Especies de *Correa* 10*
Especies de *Grevillea* 15*, 47*
Especies de *Iochroma* 15*
Especies de *Leptospermum* 11*
Especies de *Metrosideros* 11*
Especies de *Passiflora* 11*
Especies de *Pittosporum* 11*
Especies de *Solanum* 15*
Especies de *Trachelospermum* 11*
Esteras de lana 28, 31
Esterillas de fieltro 28
*Eucalyptus* 7, 16
Exceso de abono 35, 38
Excrecencias en los recipientes 55
Exigencias de situación 16

***F**atsia japonica* 16
Feijoa 10*
*Ficus* 33
*Ficus carica* 14*, 16, 22, 47*, 52
Flores 6
*Fortunella margarita* 9
Fósforo 32
Fotosíntesis 23
*Fremontodendron* 7, 16, 22, 42, 46*, 50
*Fremontodendron californicum* 9, 10*, 40
Fucsia 14*, C4
*Fuchsia* 7, 16, 47*, 49, 64, C4
Fumagina 37, 37

**G**orgojos 36
Granado C1, 15*, 29
Granulados de abono 24, 33
Grevillea 15*
Guacamayo 15

# Índice

**H***ardenbergia* 7, 16, 46*
*Hardenbergia violacea* 10*
Hibernación 50
Hibernación al aire libre 52
Hibernación en casa 52
Hibisco 10, 49
*Hibiscus* 49
*Hibiscus rosa sinensis* C1, 4, 10*, 46*
Híbridos de *Abutilon* 12
Híbridos de *Fuchsia* 14*
Híbridos de *Lantana* 15*, 47*
Híbridos de petunias 40
Higuera 14*
Hojas 6
*Homalocladium* 16, 22, 46*, 49
*Homalocladium platycladum* 10*
Hormigas 36

**I**cneumónidos 39
Iluminación adicional 51, 51
Importación de plantas 22
Importación de plantas de maceta 22
*Indigofera heterantha* 15*, 47*
Indigófera 15*
Inmersión 30. 31
Insecticida con piretrina 39
Invernadero 52
*Iochroma* 7, 21, 27, 47*, 49, 54

***J****acaranda mimosifolia* 15*, 47*
Jacarandá 15*
*Jacobinia pauciflora* 48
Jardín de invierno 52
*Jasminum* 16, 22
Jazmín de Chile 15*
Jazmín estrellado 11*
*Juanulloa aurantiaca* 15*, 47*

***K****ennedia coccinea* 10*, 46*

**L**agerstroemia 15*
*Lagunaria* 11*, 22, 46*
*Lagunaria patersonii* 11*
*Lagerstroemia* 7, 47*, 49, 50
*Lagerstroemia indica* 15*
*Lantana* 16, 21, 27, 43, 49
Lapageria 11*
*Lapageria rosea* 11*, 16, 46*
Laurel 11*
*Laurus* 7
Laurus nobilis 11*, 16, 22, 46*
Lavado de los recipientes 55
*Leonotis* 7, 16
*Leonotis leonurus* 15*, 47*
*Leptospermum* 7, 43, 46*
*Leucaena glauca* 15*, 47*
Limonero C1, 10*, 40
Limpiatubos 10*
Lugar de origen 7

**M**aceta con depósito de agua 28
Maceta de plástico con sistema de riego de larga duración 57
Maceteros 57
Madreselva del Cabo 15*
Madroño 10*
Magnesio 32
Malvavisco 10
*Malvaviscus arboreus* 15*, 47*
Manchas calcáreas C3, C3
*Mandevilla* 7, 16, 49
*Mandevilla amabilis* C2, 11*, 46*, C4
Mandevilla C2, 11*
*Mandevilla laxa* 15*, 47*
Mantillo 56
Margarita arbustiva C1, 10*
Mariquita ocelada 39
Mechas 28
Medios de transporte 51
*Melia azedarach* 15*, 47*
Métodos de abonado 34
Métodos de riego 30
Metrosidera 11
*Metrosideros* 7, 16, 46*
Mirto de Australia 11*
Moho gris 37, 37, 50
*Montanoa bipinnatifida* 15*, 47*
Moscas blancas 37, 37, 39, 50
Moscas del musgo 39, 50
*Musa* 49
*Myrtus* 7, 43

**N***andina* 7, 16, 22
*Nandina domestica* 11*, 46*, 52
Naranjo 10*
Naranjo amargo 15*
Naranjo enano 9, 44
Nematodos 39
*Nerium* 7, 16

# Índice


*Nerium oleander* C1, 4, 8, 9, 11*, 22, 46*
*Nicotiana glauca* 15*, 47*
Níspero del Japón 10*
Nitrógeno 32
Nombre botánico 6
Normas para regar 31
Nutrientes 32
Nutrientes principales 32

**O***lea* 7
*Olea europaea* 11*, 22, 46*
Oligoelementos 33
Olivo 11*
Oreja de león 15*
Otiorrincos C3, C3

**P**alisandro 15*
Palmera de Canarias 11
Palmito 10*
Palmito de China 11*
Palquis 14
Pandorea 11*, C4
*Pandorea* 7
*Pandorea jasminoides* 11*, 46*, C4
*Papyrus* 49
Parásitos 36
*Parkisonia* 22
*Parkisonia acuelata* 11*, 46*, 49
*Passiflora* 7, 9, 16, 46*, 49
*Passiflora caerulea* 52
*Passiflora coccinea* 16
*Passiflora quadrangularis* 16
*Passiflora vitifolia* C4
Paternóster 15*
Patinete 51, 51
*Phoenix canariensis* 11*, 46*
*Phormium* 7
*Phormium tenax* 16
Pinzar 42
Pitósporo 11*
*Pittosporum* 7, 16, 22, 46*
Placas amarillas 24, 38, 38, 50
Plano inclinado 51
Planta de raíces columnares 6
Planta de seda C1, 14*
Planta muy radicosa 54
Planta ya hecha 19
Plantas de invernadero caliente 16
Plantas de invernadero frío 16
Plantas de maceta «inhibidas» 21
Plantas de maceta abonadas en exceso 21
Plantas de maceta de hoja caduca 12
Plantas de maceta fáciles de cuidar 22
Plantas de maceta perennes 8
Plantas de maceta resistentes al invierno 49
Plantas de raíces extendidas 6
Plantas «forzadas» 21
Plantita 19, 54
*Plectranthus* 40
Plectranto 40
*Plumbago* 7, 16, 17, 22, 43, 49
*Plumbago auriculata* 13, 15*, 47*
Poda 42
Poda de aclarado 42, 42
Poda de conservación 42, 42, 49
Poda de mantenimiento 42
Podranea 15*
*Podranea* 7
*Podranea ricasoliana* 15*, 47*
Poinciana 14
*Polygala myrtifolia* 11*, 46*
*Poncirus trifoliata* 15*, 47*
Potasio 32
Preparación de soluciones de abono 34
Prevención contra parásitos 50
Protección biológica de las plantas 39
Protección de las plantas 38, 39
Protección mecánica de las plantas 39
Protección química de las plantas 39
Pulgón lanígero 37, 37, 39
Pulgones 36, 36, 39
*Punica* 7, 17, 49, 50
*Punica granatum* C1, 13, 15*, 16, 22, 24, 29, 47*

**Q**uemadura de sol C3, C3

**R**aigambre 6
Recipientes 55, 56
Recipientes de arcilla 20, 56
Recipientes de cerámica 56
Recipientes de madera 57
Recipientes de plástico 56
Recipientes de terracota 56
Reducir el volumen del cepellón 3, 54
Regadera con ablandante 31

# Índice

Respiración 23
Retirar las plantas 49
Riego 26, 28, 30
Riego a mano 28
Riego automático 28, 30
Riego de larga duración 57
Riego por abajo 30
Riego por arriba 30, 30
Rociado 30
Rosa china C1, 10*

**S**ales de abono 33
Sauna para plantas 38, 38
Selección de plantas de maceta 18
*Sesbania* 15*
*Sesbania* 42
*Sesbania tripetii* 15*, 47*
Sistema de riego de corta duración 2
Sistema radicular 7
Sitios penumbrosos 16
Sitios umbrosos 16
Situación 16
Situación inadecuada 38
Solano azul 12, 15*
*Solanum* 7, 43, 47*, 53
*Solanum jasminoides* 40
*Solanum rantonnetii* 13, 21, 27, 43
*Solanum wendlandii* 42
Solución alcohólica jabonosa 39
Soluciones de abono 34, 35
*Sollya* 7, 16, 22
*Sollya heterophyllla* 11*, 46*
Strelitzia 7, 16, 22, 50
*Strelitzia reginae* 11*, 46*
Sustancias inhibitorias 19
Sustrato 28
*Sutherlandia* 42

**T**abaco 15
Tamaño de las plantas de maceta 19
Tamarillo 14*
*Tecoma stans* 15*, 47*
*Tecomaria* 43
*Tecomaria capensis* 15*, 16, 47*
*Thunbergia grandiflora* 15*
*Tibouchina* C1, 7, 16, 18, 26, 49, 56
*Tibouchina urvilleana* 7, 16, 22, 24, 46
Tibuquina 11*
Tiempo apropiado para abonar 34
Tiempo apropiado para regar 30, 51
*Trachelospermum* 7, 16, 22, 24, 46*
*Trachelospermum jasminoides* 9
Transpiración 23
Transporte de plantas de maceta 21
Trasplantar 54, 54, 55, 56
Trips 50
Trompeta trepadora 14
Tubérculos 6
Turba 27, 27

**V**alor pH 26
Viburno americano 15*
Viburno mediterráneo 11*
*Viburnum* 7, 16
*Viburnum tinus* 11*, 46*, 52
Vinagre 27, 27
Violeta del Cabo 10*

**W**ashingtonia 11*
*Washingtonia robusta* 11*, 46*

## Los fotógrafos

Las fotografías de este libro han sido realizadas por Jürgen Stork, a excepción de: Becherer; pág. 17 (arriba); Becker: pág. 13 (centro), 48, 52 (arriba izda.); Henseler: pág.a 36 (arriba izda; abajo centro; C3, abajo dcha.); Himmelhuber: pág. 37 (arriba izda.; arriba, centro izda.; Schäfer: pág. 36 (arriba dcha.), 37 (arriba dcha.); Scherz: pág. 8/9 (centro izda.); Zunke: pág. 36 (abajo), 37 (arriba centro dcha.; abajo).

**Advertencias**

Algunas de las especies descritas son venenosas. Las plantas venenosas mortales, y las menos venenosas, pueden ser nocivas para las personas débiles o los niños, (en las tablas de mantenimiento van acompañadas de una calavera). Tenga cuidado de que ni los niños ni los animales domésticos ingieran esas plantas.
Observe las indicaciones de uso incluidas en la envoltura de los insecticidas.
No deje al alcance de niños los abonos y productos de protección de las plantas. La ingestión de esos productos puede ser dañina para la salud. Evite que entren en contacto con los ojos.
Si, al manipular la tierra, se producen heridas abiertas, consulte a su médico sobre la conveniencia de poner una vacuna antitetánica.

## Agradecimiento

Los autores y la Editorial agradecen al Dr. Ulrich Meve, del Instituto de Botánica de Münster, por su asesoramiento técnico en todas las cuestiones botánicas, así como por realizar la revisión de la tablas de plantas.
Damos las gracias también a la firma Jan Boomkamp, de Borne (Holanda), por habernos autorizado a tomar fotografías en su maravilloso y espectacular jardín.
Asimismo, expresamos nuestro agradecimiento a las firmas Hesperiden (Nuremberg), Teku-Pöppelmann (Lohne) y Haemmerlin (Kehl) por su decisivo apoyo.
Gracias también a la firma Compo (Münster), por su asesoramiento en todas las cuestiones referentes a abonos.

**Título original:**
*Kübelpflanzen*
**Traducción:**
Fernando M.B. de Quirós
**Adaptación:**
Mario Rodríguez



Carretera León-La Coruña km 5 - LEÓN
ISBN: 84-241-2477-4
Depósito Legal: LE: 428 -1997
Printed in Spain - Impreso en España

EDITORIAL EVERGRÁFICAS, S. L.
Carretera León-La Coruña km 5,
LEÓN (ESPAÑA)

*Flores de fucsia*

# Reparación de daños

2 Extraer del tiesto el cepellón de la planta encharcada y ponerle a secar a la intemperie. Plantar después en tierra nueva.

3 El agua de riego demasiado caliza produce manchas foliares muy feas. Evite salpicar las hojas y las flores al regar.

4 Ninguna planta perece por quemaduras de sol. Aclimatar después del reposo invernal.
5 Pesticida inadecuado, en caso de duda, probar antes en algunas hojas de la planta que se vaya a tratar.

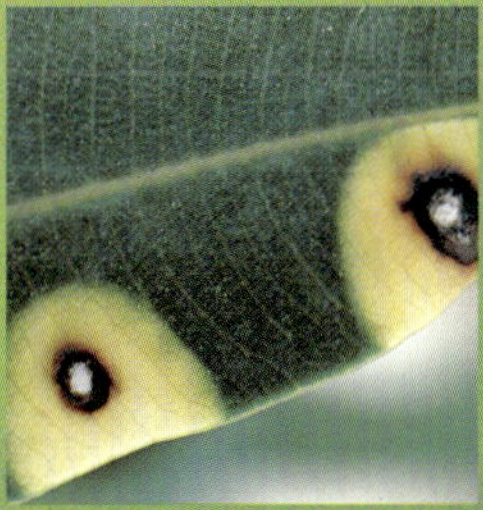

1 Puntas secas → aire muy seco. Aumentar la humedad del aire: rociar con agua. Poner debajo un recipiente con agua y gránulos de arcilla.

6 Chinches de las hojas y otiorrincos pueden ser rociados con un insecticida o recogidos a mano.

7 Los ácaros cubren de telarañas el envés de las hojas. Para remediarlo, utilícese un insecticida o una sauna para plantas.

8 El cáncer de la adelfa con excrecencias, agrietamientos de corteza y manchas redondas bordeadas de amarillo. Es mortal casi siempre.

HOGAR, VERDE HOGAR

## Cómo lograr que crezcan y florezcan las plantas de maceta

• Asesoramiento de expertos en las cuestiones referentes al cuidado de las plantas de maceta • Normas básicas para regar, abonar y transplantar • Consejos prácticos para la hibernación en casa y a la intemperie • Reparación de daños ocasionados por un mantenimiento inadecuado, enfermedades y plagas • Todo ello fácil de realizar, incluso para los inexpertos en jardinería • 50 fotografías en color, 30 dibujos explicativos

ISBN 84-241-2477-4

Editorial Everest, S. A.